KOHLE
UND
KOHLEN-ERSATZ

VON

DR.-ING. G. W. EGERER

SPRINGER FACHMEDIEN WIESBADEN GMBH 1922

ISBN 978-3-663-15337-5   ISBN 978-3-663-15905-6 (eBook)
DOI 10.1007/978-3-663-15905-6

Vorwort.

Der Weltkrieg brachte Deutschland den Verlust sämtlicher Kolonien und wirtschaftlich wichtiger Landesteile. Die harten Friedensbestimmungen lasten wie eine dunkle Gewitterwolke über unserem schwer heimgesuchten Vaterlande. Deutschland soll eine unerhörte Entschädigung zahlen und als Weltmacht erledigt bleiben.

Zu Deutschlands Aufstieg und Größe hatte der eigene Kohlenreichtum ganz außerordentlich mitbeigetragen. Für den Wiederaufbau Deutschlands ist das Kohlenproblem eine Lebensfrage.

In diesem Büchlein wird nun gezeigt, wie die Kohlenvorräte auf der Erde verteilt sind, welcher Vorrat auf deutscher Seite vorhanden ist und wie dieser Naturschatz gestreckt oder ersetzt werden kann.

Möchten diese Zeilen mit dazu beitragen, das Interesse für den behandelten Stoff zu wecken und zu fördern.

Der Verfasser.

Inhalt.

Seite

I. Das Programm 1

II. Die Kohle. 3
Weltvorräte. Die Kohlenvorräte Deutschlands und der übrigen Staaten.

III. Die Kohle als Brennstoff 23
Chemie der Kohle. Anthrazit. Die Steinkohle. Die Braunkohle.

IV. Die bessere Ausnützung der vorhandenen Kohlen vorräte 32
Der Raubbau in Amerika. Die Aufbereitung der Kohle. Verwertung der Verbrennungsprodukte. Die Dampfturbine. Die Verwertung der Schlacke. Die Herstellung von Koks und Briketts. Rationelle Bewirtschaftung im Eisenbahnwesen.

V. Das Holz 38
Weiterverarbeitung des Holzes. Holzkohle. Holzteer, Holzessig und Methylalkohol.

VI. Torf, Torfkohle und Torfbrikett 42
Nebenprodukte der Torfdestillation.

VII. Flüssige Kohlenersatzstoffe 48
Erdöl. Naphta. Petroleum. Alkohol.

VIII. Die gasförmigen Heizstoffe 56
Natürliche Gase. Das Erdgas. Künstliche Gase: Wasserstoff, Leucht- oder Steinkohlengas. Wassergas. Generatorgas. Halbwassergas. Methan. Die Gasmaschine. Der Dieselmotor.

IX. Sonne, Wind und Wasser. 70

I. Das Programm.

„Die Kohle bedeutet für uns Leben; im Frieden ebenso wie im Krieg. Die Kohle ist unser König, der uns beherrscht und der all unsere Industrien regiert."

Die Worte, die einst Lloyd George, damals Englands mächtiger Munitionsminister, sprach, als er die streikenden Bergarbeiter zur Fortsetzung ihrer Arbeit bewegen wollte, gelten auch heute noch, nicht nur für England, nicht nur für Deutschland, sondern für die ganze Welt: die Kohle bedeutet für uns alles, sie ist unser mächtigster Freund und unser fürchterlichster Feind.

Der Kampf um die wirtschaftliche Hegemonie zwischen England und Deutschland, der Kampf um die Weltmärkte, um die überseeischen Verkehrsstraßen wurde nicht nur auf den Kampfplätzen aller fünf Weltteile ausgefochten, sondern auch auf dem Gebiete des Wirtschaftskrieges mit einer der furchtbarsten Waffen: der Kohle. Wie im Welthandel England Jahrhunderte hindurch den ersten Platz eingenommen und Deutschland sich innerhalb einiger weniger Jahrzehnte zum zweiten Platz emporgerungen hatte, wie an erster Stelle England mit der Hälfte der Welttonnage stand und Deutschland sich seit 1870 ebenfalls auf die zweite Stelle emporgearbeitet hatte, so finden wir auf dem Gebiete der Kohlenproduktion das gleiche Verhältnis. Die Verhältnisse wurden namentlich durch den Umstand geschaffen, daß die meisten Staaten in ihrer Kohlenversorgung entweder von England oder von Deutschland abhängen, die beide während des Krieges und auch heute noch, den einstigen Verbündeten, Neutralen und Feinden gegenüber von ihrer Vormachtstellung reichlichen Gebrauch machen.

Die durch den Krieg hervorgerufene Verschwendung, die Monopolstellung Englands und Deutschlands, nie geahnte Transportschwierigkeiten, verbrecherischer Wucher, der Verlust der wertvollsten Arbeiterhände und eine endlose Kette kompliziert ineinander greifender Ursachen haben eine Kohlenkrisis hervorgerufen, die sich während der Kriegsjahre von Jahr zu Jahr verschärfte und die heute oft selbst in kohlenreichen Ländern verhängnisvolle Formen annimmt.

Die Millionen der Bevölkerung, die der bittersten Kälte schutzlos preisgegeben sind, die Tausende von Fabriken, die ihren Betrieb einstellen und Millionen von Arbeitern brotlos machen mußten, die Unmöglichkeit des Wiederaufbaues der Wirtschaft in den Staaten der Sieger und Besiegten fordern heute mehr denn je eine Neuregelung der Kohlenproduktion und den Ersatz der Kohle durch anderes Brennmaterial.

Die Kohle ist, von einigen speziellen Verwendungen abgesehen, heute wirtschaftlich das beste Heizmaterial.

Nicht der Mangel an Kohle ist es, namentlich in Deutschland und England, der unmittelbar die wirtschaftliche Katastrophe von gestern und heute hervorgerufen hat (denn noch viele hundert Jahre dürften vergehen, bis die Kohle aus dem Erdinnern ausgebeutet sein wird), sondern die Wirkung des Krieges.

Die Quellen der Wärme sind Kräfte, die ursprünglich die Sonne zur Erde sandte; alle Heizstoffe: Kohle und Kohlenersatz sind im Grunde genommen nur Aufstapelungen von Sonnenkraft. Holz, Torf und Kohle bestehen aus Pflanzensubstanz; auch die Entstehung der Erdgase und Erdöle ist auf letztere zurückzuführen; welchen Brennstoff man auch immer verwendet, um Maschinen in Bewegung zu setzen, um Wohnungen zu erwärmen, man macht im Grunde nichts anderes, als schlummernde Sonnenkraft in Freiheit zu setzen, die Kraft, die den Brennstoffen innewohnt, umzuformen.

Bei der Behandlung der Kohlenersatzstoffe wird im Kapitel 4 zunächst auf jene Methoden hingewiesen, die eine bessere Verwertung der vorhandenen Kohlenschätze bezwecken. Dann wird die Frage behandelt, welche wertvollen Nebenprodukte beim Verbrauch der Kohle gewonnen werden können, die früher zumeist vergeudet wurden. Die chemische Industrie Deutschlands hat es, wie in keinem anderen Staat der Welt, verstanden, den Reichtum der Erde zu einem mächtigen Faktor der deutschen Wirtschaftspolitik zu machen. In diesem Abschnitt wird auch noch der künstlichen Kohle gedacht, die namentlich in der elektrotechnischen Industrie eine ungeahnte Bedeutung gewonnen hat.

Im Kapitel 5 und 6 werden die festen Kohlenersatzstoffe, also Holz und Torf behandelt.

Im nächsten Kapitel wird dann der flüssigen Kohlenersatzstoffe gedacht, deren Bedeutung erst heute voll erfaßt wird. Es handelt sich hauptsächlich um das Erdöl, das Petroleum und andere Produkte der Erdöldestillation, um vegetabilische und animalische Öle und um Alkohol (Weingeist).

Sodann werden die gasförmigen Heizstoffe erörtert, die zum

großen Teile heute noch gar nicht angewendet werden, oder deren Bedeutung und wirtschaftliche Verwertung noch nicht genügend bekannt ist. So soll das **Erdgas** berufen sein, eine ganze Revolution auf wirtschaftlichem Gebiete hervorzurufen und bewirkt auch heute schon wahre Wunder. Des weiteren wird der künstlichen Gase gedacht.

Endlich sollen jene Kohlenersatzstoffe einer Darstellung unterzogen werden, die heute noch als **freie Naturkräfte** wirken, deren Verwertung aber Männer der Wissenschaft immer größere Aufmerksamkeit und Sorgfalt zuwenden, denn gerade hier handelt es sich um mächtige Naturkräfte, die heute brach liegen, aber durch ihr immerwährendes Walten berufen sind, an Stelle eines nur begrenzten oder gar nicht vorhandenen Kohlenvorrates ewige Wärme zu spenden. Es sind dies der **Wind**, die Kraft des **fließenden Wassers** und vor allem der gesetzmäßige Wechsel von **Ebbe und Flut**.

II. Die Kohle.

Die Vorräte der Welt.

Die nachstehende Tabelle gibt einen Überblick über den Kohlenvorrat der Welt, wie er zum letzten Male im Jahre 1910 auf Grund verläßlicher Daten ermittelt wurde und enthält gleichzeitig Daten über **die voraussichtliche Dauer der Erschöpfung der Kohlenvorräte** in den einzelnen Staaten:

	Milliarden Tonnen	Jahre
Deutschland	360,0	1560
Großbritannien	108,7	360
Frankreich	13,6	300
Rußland	35,1	700
Österreich-Ungarn	25,2	400
Belgien	25,3	930
Vereinigte Staaten	1673,0	1000—1500
Kanada	103?	1000—1500
China	1260	?

Aus vorstehender Tabelle geht hervor:

Der kohlenreichste Staat Europas ist Deutschland; England steht (trotz seiner größeren Produktion) an zweiter Stelle. Die übrigen Länder folgen erst in weiten Abständen.

Die kohlenreichsten Gebiete der Welt finden sich in den Vereinigten Staaten und Kanada.

Von den übrigen Weltteilen sind nur in Ostasien, in China große Vorräte festgestellt (aber noch nicht aufgeschlossen, nur berechnet).

Afrika und Australien sind, soweit heute bekannt, vollständig kohlenarm.

Über die **Weltproduktion** an Kohle gibt nachfolgende Tabelle Aufschluß (Durchschnittsverhältnis vor dem Kriege):

	1000 Tonnen	Anteil an der Weltproduktion in %
Europa	633 148	54,78
Amerika	466 539	40,35
Asien	28 318	2,45
Australien	11 549	1,00
Kleinere Kohlenlager (Spitzbergen usw.)	11 000	0,95
Afrika	5 500	0,47
	1 156 054	100,00

Die **europäische Kohlenproduktion** gliedert sich nach Staaten folgendermaßen (Durchschnittsverhältnis vor dem Kriege):

	1000 Tonnen	Anteil an der Weltproduktion in %
Großbritannien	268 677	23,24
Deutschland	222 375	19,24
Österreich-Ungarn	48 251	4,17
Frankreich	38 570	3,34
Rußland	24 744	2,14
Belgien	23 917	2,07

Die Kohlenvorräte Deutschlands.

Bei der Behandlung des deutschen Kohlenvorkommens werden jetzt und im Verlaufe der ganzen Darstellung die **Grenzen des historischen Deutschlands, wie sie bis zum Friedensschluß** 1918 bestanden haben, berücksichtigt.

Deutschland besitzt sehr ausgedehnte und reiche **Steinkohlen- und Braunkohlenlager.** Die Steinkohlenlager gehören mit zu den besten und reichsten Kohlenlagern der ganzen Erde. Deutschland steht in bezug auf Kohlenvorrat unter sämtlichen europäischen Staaten am günstigsten da. Steinkohlenlagerungen sind:

im Westen:

1. das niederrheinisch-westfälische Becken, das sogenannte Ruhrkohlenbecken,
2. das Saarbecken,
3. das Inde- und Wurmbecken links vom Rhein bei Aachen.

im Osten:

4. das niederschlesische Kohlenbecken,
5. das oberschlesische Kohlenbecken.

Hierzu kommen noch die Ablagerungen im Königreich **Sachsen** (Plauenscher Grund und Zwickau) und die zerstreut liegenden, kleineren Steinkohlenlager in Mitteldeutschland und Oberbayern.

Von den 1910 geförderten Steinkohlen entfallen
70% auf die westlichen Kohlengebiete,
25% auf die beiden schlesischen und nur
5% auf die übrigen Bundesstaaten.

Das Ruhrkohlenbecken.

Das gesamte Ruhrkohlenbecken wird von einer von Mülheim a.
Ruhr über Essen, Bochum bis in die Nähe von Unna führenden Linie
in zwei voneinander ganz verschiedene Gebiete geteilt. Südlich davon treten die flötzführenden Schichten auf einem Areal von über
530 qkm Flächeninhalt zutage. Nördlich davon wird das Steinkohlengebirge von Kreideschichten überlagert, deren Mächtigkeit
nach Norden hin zunimmt. Hier hat man die Kohlenablagerungen
durch Bohrungen durch den ganzen westlichen und nördlichen Teil
des Münsterschen Kreidebeckens hindurch bis in die Gegend von
Winterswyk, Vreden und Ahaus nachgewiesen.

Nasse („Die Kohlenvorräte der europäischen Staaten, insbesondere Deutschlands 1893") gibt den bis dahin durch Bergbau und
Tiefbohrungen bekannten Teil des Kohlenbeckens auf 1923 qkm an.
Das Oberbergamt zu Dortmund hatte 1890 die auf diesem Gebiete
anstehenden Kohlenvorräte unter Zugrundelegung einer geringsten
Mächtigkeit von 60 cm auf 30 Milliarden Tonnen abgeschätzt und
zwar

bis 700 m Tiefe	auf 10 627 Millionen Tonnen
von 700—1000 m Tiefe	„ 7 494 „ „
von mehr als 1000 m Tiefe . .	„ 11 888 „ „
	zusammen: 30 009 Millionen Tonnen

wobei neben den üblichen 24% Verlust, die dadurch schon in Rechnung gebracht wurden, daß man einen Kubikmeter anstehender
Kohlenmasse gleich einer Tonne Schüttung setzte, noch 50% Verlust für Störungen und Sicherheitspfeiler berücksichtigt wurden.

Eine weitere Schätzung liegt aus dem Jahre 1900 von dem Geh.
Bergrat Dr. H. Schulz vor. Die Größe des damals erschlossenen
Kohlengebietes gab er zu 2900 qkm an. Als Vorrat in bauwürdigen
Flötzen ermittelte er wie folgt:

bis zu einer Tiefe von 700 m	11,0 Milliarden Tonnen
von 700—1000 m	18,3 „ „
von 1000—1500 m	25,0 „ „
	zusammen: 54,3 Milliarden Tonnen,

darunter in größerer, aber dem Bergbau noch zugänglicher Tiefe
75 Milliarden Tonnen,

insgesamt demnach 129,3 Milliarden Tonnen.

Zu einem noch günstigeren Resultat kommt dann Krusch im Jahre 1911. Die verliehenen Kohlenfelder umfassen nach ihm 4150 qkm. Bis zu 1500 m Tiefe veranschlagt er 83,2 Milliarden Tonnen, indem er 20 m Kohle als Durchschnitt des ganzen Bezirkes annimmt, abzüglich der bisher abgebauten Mengen. 20 m Durchschnitt ist als sehr vorsichtig anzusehen.

Unterhalb der Grenze von 1500 m rechnet Geh. Bergraf Dr. Schulz bei dem damals verliehenen Areal von 2900 qkm noch 75 Milliarden Tonnen zu der noch gewinnbaren Kohle. Für das heute erschlossene und verliehene Gebiet von 4150 qkm würde dies eine Erhöhung um rund 107 Milliarden Tonnen bedeuten. In diesem Gebiet allein ist also ein Vorrat von 167 Milliarden Tonnen vorhanden, der bei der normalen Jahresproduktion noch über 1200 Jahre Kohle liefern könnte.

Wenn man bedenkt, daß bei diesen Berechnungen nur die wirklich aufgeschlossenen Kohlenreviere berücksichtigt worden sind, so gelangt man zu noch besseren Schlüssen. Wollte man die voraussichtlich im weiteren Norden und links vom Rhein lagernden Kohlen, die wenigstens ebenso hoch zu veranschlagen sind, noch in Rechnung ziehen, dann kann das Ruhrkohlenbecken noch über 2000 Jahre Kohle liefern.

Das Saarkohlenbecken.

Die Ablagerungen des Saarbeckens gehören fast ganz dem preußischen Staate, nur zum kleinen Teile der bayrischen Pfalz an. Im Südwesten finden sie ihre Fortsetzung bis nach Lothringen. Im Norden tritt innerhalb eines ungefähr 200 qkm großen Gebietes Kohle zutage. Das Saarbecken im fiskalischen Bergbaufelde umfaßt 1782,4 qkm.

Bergrat M. Kliver stellte amtlich im Jahre 1891 Ermittelungen an und fand, indem er die Flötze bis 30 cm Mächtigkeit berücksichtigte und die Gesamtmächtigkeit aller Flötze von über 60 cm zu 75,7 m und aller Flötze von 30 bis 60 cm zu 24,5 m veranschlagte:

bis zu einer Tiefe von 1000 m . . . 12 134 Millionen Tonnen
in mehr als 1000 m Tiefe . . . . . 19 724   „   „

Von der in mehr als 1000 m Tiefe anstehenden Kohle sah er aber nur ein Drittel = 6575 Millionen Tonnen als abbaufähig an und kam so zu einem Gesamtvorrat von 18 709 Millionen Tonnen. 25% Verlust abgerechnet ergaben sich dann noch rund 14 Milliarden Tonnen. Diese Berechnungen erstreckten sich jedoch nur auf den preußischen Anteil. Unter Beibehaltung der damaligen Jahresförderung von rund 6 Millionen Tonnen reicht nach Nasse der Vorrat für 2300 Jahre aus.

Nasse sah nun aber auch eine Steigerung für die nächsten Jahrzehnte vor, und zwar eine solche von je 1,5 Millionen Tonnen. 1930 wäre dann die Förderung auf 12 Millionen Tonnen gestiegen. Diese für die Folgezeit als Durchschnitt angenommen, würde der 1930 vorhandene Vorrat von 13,64 Milliarden Tonnen in 1136 Jahren aufgezehrt sein.

Die Förderung im Saarbecken betrug im Jahre 1890 über 7 Millionen Tonnen, im Jahre 1900 über 11 Millionen Tonnen und 1910 über 14 Millionen Tonnen. Eine durchschnittlich höhere Förderungsleistung als 18 Millionen Tonnen wird das Saarbecken voraussichtlich nicht erfahren.

Bis 1500 m Tiefe stehen in den wenigstens 70 cm starken Flötzen 15 Milliarden Tonnen an, 25% als Abbauverlust abgezogen ergibt 11,25 Milliarden Tonnen. Bei einer Förderung von 18 Millionen Tonnen würden diese bis zur völligen Erschöpfung noch über 600 Jahre ausreichen. Die Flötze bis zu 30 cm Stärke stellen einen Vorrat von 18719 Millionen Tonnen dar. Dieser würde bei 18 Millionen Tonnen Jahresförderung erst nach zirka 1050 Jahren abgebaut sein.

Wollte man die bis zum Muldentiefsten anstehende Kohle von 53,5 Milliarden Tonnen berücksichtigen, dann würde das Saargebiet vor 2000 Jahren seine Förderung nicht einstellen brauchen.

Das Aachener Kohlenbecken.

Das Aachener Steinkohlengebirge zerfällt in zwei getrennt liegende Mulden. Die östlich gelegene Indemulde ist von mächtigen Diluvialschichten bedeckt. Die nördlich gelegene Wurmmulde überlagern Diluvial- und Tertiärschichten.

Nasse gibt in seiner Schrift für den Kohlenreichtum in diesen beiden Mulden folgende Ziffern an:

Indemulde:

bis zu einer Tiefe von 700 m	76 Millionen Tonnen
von 700—1000 m Tiefe	39 „ „
in mehr als 1000 m Tiefe	— „ „
	zusammen: 115 Millionen Tonnen

Wurmmulde:

bis zu 700 m Tiefe	528 Millionen Tonnen
von 700—1000 m Tiefe	428 „ „
in mehr als 1000 m Tiefe	116 „ „
	zusammen: 1072 Millionen Tonnen

Für das gesamte Aachener Kohlenrevier ermittelte Nasse demnach 1,2 Milliarden Tonnen. Nasse hat aber nur diejenigen Kohlenmengen, die innerhalb der Berechtsamsfelder nach den Aufschlüssen in den damals betriebenen und in den noch nicht in Betrieb genommenen Gruben anstehen, nicht aber auch die im bergfreien Felde noch zu vermutenden Kohlen in Rechnung gezogen. Ohne Steigerung der damaligen Jahresförderung von 1,5 Millionen Tonnen berechnete er den Vorrat noch als für 800 Jahre ausreichend.

Umfangreiche Kohlenlagerungen sind nach Norden anschließend, durch Bohrungen bei Erkelenz und Wesel gefunden worden. Es ist dadurch der direkte Zusammenhang zwischen den rechts- und linksrheinischen Kohlenfeldern im Norden Deutschlands nachgewiesen. Das Aachener Becken erhält dadurch einen ungeheuren Zuwachs. Nach Frech enthält die linke Rheinseite einen Kohlenvorrat von wenigstens 10,414 Milliarden Tonnen.

Von dem von Frech ermittelten Vorrat verbleibt nach Abzug von 25% für Abbauverluste eine wirklich gewinnbare Kohlenmenge von 7,8 Milliarden Tonnen. Diese reichen bei einer Förderung von durchschnittlich 5,5 Millionen Tonnen pro Jahr noch rund 1420 Jahre aus.

Das niederschlesische Kohlenbecken.

Die Ablagerungen des niederschlesischen Beckens lehnen sich an die Abhänge des Riesengebirges und erstrecken sich, auf Kulm- und Gneisschichten lagernd, über die deutsche Grenze nach Böhmen hin. Nach Toula enthält das Becken 16 bauwürdige Flötze von 28,7 m Gesamtmächtigkeit.

Über die vorhandenen Kohlenmengen liegen auf Veranlassung des Oberbergamtes Breslau angestellte Ermittlungen vor. Jedoch erstrecken sich diese nur auf die verliehenen Bergwerksfelder. Nach diesen Berechnungen stehen in den wenigstens 50 cm mächtigen Flötzen an:

bis 700 m Tiefe	754 Millionen Tonnen
von 700—1000 m Tiefe	155 „ „
in mehr als 1000 m Tiefe	26 „ „
zusammen:	935 Millionen Tonnen.

Hiervon sind 110 Millionen Tonnen auf Grund spezieller Berechnungen als Abbauverlust für Sicherheitspfeiler abzusetzen. Im ganzen verbleiben dann als gewinnbar 825 Millionen Tonnen.

Nasse hat seinen Berechnungen diese Angaben zugrunde gelegt. Bei einer weiteren Jahresförderung von rund 3,3 Millionen Tonnen, wie er sie für 1890 angibt, berechnet er den Vorrat als für 250 Jahre noch ausreichend.

Die inneren Gebiete des Beckens sind zum Teil noch gar nicht durch Bohrungen untersucht. Wahrscheinlich lagern hier in erreichbarer Tiefe noch erhebliche Kohlenmengen. Nach den Ermittlungen

Frechs beträgt der Kohlenvorrat des gesamten Beckens 1,4 Milliarden Tonnen.

Die Kohlenförderung betrug 1910 ungefähr 5,5 Millionen Tonnen. Eine große Zunahme der Förderung dürfte in Anbetracht der geringen Ausbreitung des Beckens und der Nähe des den östlichen Kohlenmarkt beherrschenden oberschlesischen Beckens in Zukunft kaum zu erwarten sein. Unter Zugrundelegung der von Frech ermittelten 1,4 Millionen Tonnen gewinnbare Kohle würde eine Erschöpfung des niederschlesischen Kohlenbeckens in ungefähr 235 Jahren eintreten.

Das oberschlesische Kohlenbecken.

Das oberschlesische Kohlenbecken liegt im südöstlichsten Teile Schlesiens. Es umfaßt einen Flächenraum von 3615 qkm. Seine Fortsetzung über die Grenze Preußens nach Österreich und Russisch-Polen erstreckt sich über weitere 2000 qkm. Das Kohlen führende Gebirge ist von durchschnittlich 200 m mächtigen, vorwiegend Diluvial- und Tertiärschichten überdeckt. Zutage tritt es nur an einigen Stellen.

Nach den Ermittlungen, die das Oberbergamt zu Breslau Ende 1890 hat anstellen lassen, stehen in dem oberschlesischen Becken unter Berücksichtigung aller Flötze von mehr als 50 cm Mächtigkeit bis zu einer Tiefe von 1000 m 43 155 Millionen Tonnen an. Hierbei sind alle Abbauverluste in Abzug gebracht.

Zieht man die ganze bis 2000 m Tiefe gewinnbare Kohle in Betracht, so ist eine völlige Erschöpfung des oberschlesischen Beckens vor 2350 Jahren nicht zu erwarten.

Die übrigen deutschen Kohlenbezirke.

Diese kommen bei der Frage der Erschöpfung der deutschen Steinkohle kaum in Betracht.

Am wichtigsten ist immer noch das sächsische, das Chemnitz-Zwickauer Kohlenbecken. Es ist räumlich sehr beschränkt. Eine erhebliche Steigerung der Förderung, die 1910 5,37 Millionen Tonnen betrug, ist schon aus technischen Schwierigkeiten nicht zu erwarten. Nach amtlichen Schätzungen vom Jahre 1890 hatte Sachsen noch einen Vorrat von 400 Millionen Tonnen aufzuweisen, dessen Erschöpfung Nasse nach 70 Jahren voraussah. Ein neuerer Bericht in „Kali, Erz und Kohle" hält das Zwickauer Becken immer noch auf 200 Jahre hinaus für ergiebig.

Im Bezirk von Ibbenbürgen lagern noch nach oberbergamtlichem Berichte vom Jahre 1890 bis zu 1000 m Tiefe 136 Millionen Tonnen,

im Süntel und im Osterwald 120 Millionen Tonnen und im Ilefelder-
becken etwa 5 Millionen Tonnen Kohlen. Es sind dies also kleine
Becken, die nur lokale und vorübergehende Bedeutung haben.

Außerdem besitzt Deutschland ergiebige B r a u n k o h l e n l a g e r.
Infolge der minderwertigen Beschaffenheit der Braunkohle hatten
diese vor dem Kriege nur lokalen Wert. Durch Brikettierung hat
die Braunkohle für die Industrie aber schon bedeutend an Wert gewonnen. Der Gesamtvorrat wird für Deutschland auf ca. 8 Milliarden
Tonnen geschätzt. Diese entsprechen ihrem Heizwert nach nur
5 Milliarden Tonnen Steinkohle. Bei dem großen Gesamtvorrat
Deutschlands an guter, vollwertiger Steinkohle kommen diese fünf
Milliarden Tonnen für die Berechnung der Erschöpfung der deutschen Kohle so gut wie nicht in Betracht.

Gesamtüberblick.

Deutschland steht in bezug auf Kohlenreichtum unter sämtlichen
europäischen Staaten am günstigsten da.

Eine Zusammenstellung der in den verschiedenen Becken vor-
rätigen und wirklich gewinnbaren Kohle, also mit Abzug sämtlicher Abbauverluste und ihrer im vorhergehenden berechneten Zeit-
dauer, ergibt folgende Tabelle:

	Milliarden Tonnen	Jahre
R u h r b e c k e n :		
bis 1500 m Tiefe.	62,4	450
bis in größere Tiefe	169	über 1200
S a a r b e c k e n :		
bis 1500 m Tiefe, über 70 cm starke Flötze.	11,3	über 600
bis 1500 m Tiefe, über 30 cm starke Flötze.	10,0	1050
bis zum Muldentiefsten, über 30 cm starke Flötze .	40,0	2200
A a c h e n e r B e c k e n :		
bis 1200 m Tiefe	7,8	1420
N i e d e r s c h l e s i s c h e s B e c k e n :		
bis 1500 m Tiefe	1,4	235
O b e r s c h l e s i s c h e s B e c k e n :		
bis 1000 m Tiefe.	62,8	1050
bis 1500 m Tiefe.	102,5	1710
bis 2000 m Tiefe.	140,8	2550

An erster Stelle unter den deutschen Steinkohlenbecken steht
demnach das Ruhrkohlenbecken mit 169 Milliarden Tonnen, dann
folgt das oberschlesische mit 140,8 Milliarden Tonnen, im weiten
Abstand folgen dann das Saarbecken, das Aachener und das niederschlesische Becken.

Dieselbe Reihenfolge ergibt sich, wenn wir die Kohlenbecken nach
ihrer prozentualen Beteiligung an der Gesamtförderung Deutschlands

betrachten. Weit über die Hälfte, 80,1 Millionen Tonnen = 53,30%, bringt das Ruhrbecken auf den Markt. Schon der Lage nach ungünstiger steht das oberschlesische Becken da. Es hat immerhin im Jahre 1910 34,5 Millionen Tonnen = 22,55% Kohle geliefert. Diese beiden Kohlenlager bringen also nicht weniger als über 80% oder über $^4/_5$ der Gesamtsteinkohlenförderung Deutschlands auf.

Die Steinkohlenförderung Deutschlands betrug

im Jahre	Millionen Tonnen		im Jahre	Millionen Tonnen
1870	=	26,398	1900	=	109,290
1880	=	47,974	1905	=	121,299
1890	=	70,238	1910	=	152,828
1895	=	79,169		

Der bis 1500 m Tiefe anstehende und wirklich gewinnbare Gesamtvorrat Deutschlands berechnet sich mit 193,1 Milliarden Tonnen. Bei einer jährlichen Ausbeute von 230 Millionen Tonnen werden diese noch 840 Jahre ausreichen. Rechnet man aber die in noch größerer Tiefe lagernden Kohlen hinzu, so kommt man zu einem Gesamtvorrat von 360 Milliarden Tonnen. Diese aber würden vor 1560 Jahren nicht aufgebraucht sein.

Großbritannien und Irland.

Großbritannien besitzt drei große Kohlenbezirke:

1. Die Kohlenablagerungen des Nordens. Hierher gehören die Gruben von Schottland und diejenigen Nordenglands, d. h. von Cumberland, Northumberland und Durham.

2. Die Kohlenablagerungen des mittleren Englands und von Nord-Wales. In diesem Gebiet liegen die Gruben von Lancastershire, Yorkshire, Derbyshire, Staffordshire, Chestershire, Shropshire, Worcestershire, Warwickshire, Leicestershire und in Nordwales die Gruben von Denbigshire und Flintshire.

3. Die Kohlenablagerungen des Westens. Hierzu sind zu rechnen die Gruben von Gloucestershire, Somersetshire, Monmouthshire und diejenigen von Süd-Wales.

Genauere Aufstellungen für sämtliche britische Kohlenbezirke aus dem Jahre 1850 stammen von Ed. Hull. Er berechnete in diesem Jahre die gewinnbare Kohle bei 4000 Fuß engl. = 1220 m Tiefe zu rund 80 Milliarden Tonnen engl., genauer im Jahre 1864 zu 83 544 Millionen Tonnen engl. Nach ihm würde dieser Vorrat unter Beibehaltung der damaligen Jahresförderung in 800 Jahren aufgebraucht sein.

Nasse ermittelte nun für Großbritannien und Irland von 1871 bis 1890 eine Gesamtförderung von 2954 Millionen Tonnen engl.

und von 1891 bis 1930 auf Grund seiner Annahmen 9800 Millionen Tonnen engl. Bei durchschnittlicher Jahresförderung von rund 290 Millionen Tonnen reicht dieser Vorrat noch bis zum Jahre 2559 aus.

Nach dem Kommissionsbericht hatte Großbritannien im Jahre 1900 einen Vorrat von 146 200 Millionen Tonnen engl. Bringt man davon noch 25% als Abbauverlust in Abzug, so bleiben noch 111 404 Millionen Tonnen, diese würden nach rund 360 Jahren ausgebeutet sein.

Frankreich.

Die Steinkohlenfelder Frankreichs haben eine sehr günstige geographische Verbreitung. Man kennt drei Kohlendistrikte, von denen je einer auf Nord-, Mittel- und Süd-Frankreich fällt.

1. Das Becken von Valenciennes ist das wichtigste Steinkohlengebiet Frankreichs und liegt im Departement du Nord und im Pas de Calais. Es bildet die Fortsetzung des belgischen Kohlenbeckens und erstreckt sich von der belgischen Grenze bis nach Boulogne sur mer.

2. Das Becken von Mittelfrankreich. Dieses liegt in der Umgebung des Zentralplateaus an der Loire und an der Saone und umfaßt die Kohlenfelder von St. Etienne, Rive de Gier und Commentry. Die dortigen Kohlen sind durchweg von guter Beschaffenheit.

3. Das Becken von Südfrankreich. Es gehören hierzu die Kohlendistrikte von Alais, Aveyron und an der Rhone. Die Kohlen sind von verschiedener Qualität.

Neue abbauwürdige Kohlenlager hat man neuerdings in Ostfrankreich in den Vogesen bei Gironcourt entdeckt.

Über 50 % der Jahresförderung liefert das nordfranzösische Kohlenbecken. Es liegen nur wenig Schätzungen über den Kohlenvorrat Frankreichs vor. Bergingenieur Lapparand nahm in seiner 1890 erschienenen Schrift „La question du charbon de terre" einen Vorrat von 17 bis 19 Milliarden Tonnen an und berechnete unter Beibehaltung der damaligen Jahresförderung von etwas über 24 Millionen Tonnen eine Erschöpfung der französischen Kohle in 7 bis 800 Jahren.

In Anbetracht des geringen Kohlenvorrates und der ungünstigen Lagerung des zentralen und südwestlichen Reviers Frankreichs dürfte die Förderung bald ihren Höhepunkt erreicht haben. Erhebliche Erweiterungen der Kohlenfelder sind nicht zu erwarten. Vielleicht gelingt es, eine Fortsetzung des Saarbrücker Kohlenbeckens im Departement der Meurthe und Mosel zu erschließen und dadurch den Zeitpunkt völliger Erschöpfung etwas hinauszuschieben. In geringerer Tiefe als 1000 m dürfte hier aber keine Kohle anzutreffen sein.

Österreich-Ungarn.

Der Einfachheit halber wird nur das historische Österreich-Ungarn behandelt (nicht jeder einzelne der neuen Nationalstaaten gesondert).

Die Steinkohlenbecken Österreichs erstrecken sich in östlicher Richtung von Pilsen nach Galizien bis in die Nähe der russischen Grenze. Sie umfassen die Becken von Pilsen, Kladno — Schlan Rakonitz Schatzlar — Schwadowitz, Ostrau — Karwin und Iaworzno. Kleinere Ablagerungen finden sich im Süden und im Südosten Ungarns bei Fünfkirchen und Steyerdorf. Reichhaltige und leicht abzubauende Braunkohlenlager trifft man hauptsächlich in Nordböhmen (Teplitz — Brüx — Komotau), in Nieder-Österreich (Zillingsdorf bei Wiener Neustadt) und Ungarn (Handlova).

Nasse hat die Gesamtvorräte Österreich-Ungarns an Kohlen auf 17 Milliarden Tonnen geschätzt, die noch 500 Jahre ausreichen sollen. Doch dürfte diese Zahl wohl zu niedrig angenommen sein, trotzdem in West- und Mittelböhmen nur kleinere Kohlenbecken liegen, die z. T. jetzt schon ihrer Erschöpfung entgegengehen und in 100 bis 200 Jahren ausgebeutet sein werden. Den hervorragendsten Platz nimmt vermöge seines bedeutenden Kohlenreichtums Galizien ein. W. Petraschek nimmt bei gleich vorsichtiger Schätzung für ganz Österreich 28 Milliarden Tonnen, für das mährisch-schlesisch-galizische Revier 27 und für Westgalizien allein 24,9 Milliarden Tonnen Steinkohlen an. Rechnet man dazu 2 Milliarden Tonnen Steinkohlen für Ungarn und etwa insgesamt 6 Milliarden Tonnen Braunkohle = 3,6 Milliarden Tonnen Steinkohle, so kommt man rund für Österreich-Ungarn zu einem Gesamtvorrat von 33,6 Milliarden Tonnen; diese reichen dann bei einer Durchschnittsförderung von jährlich ca. 60 Millionen Tonnen noch ungefähr 400 Jahre aus.

Rußland.

Das historische Rußland hat 5 Hauptkohlenfelder:

1. Das polnische Steinkohlengebiet oder das Weichselbassin im Gouvernement Piotrkow.

2. Das Moskauer oder zentrale russische Bassin in den Gouvernements Moskau, Twer, Nowgorod, Smolensk, Kaluga, Tula und Rjasan.

3. Das Becken des Donez in den Gouvernements Jekaterinoslaw, Poltawa und Charkow, sowie im Gebiet der Donschen-Kosaken.

4. Die Kaukasusfelder bei Tkwibula (Kutais).

5. Die Kohlenbecken des Ural im Gouvernement Perm bei Alexandrowsk.

Im Verhältnis zu seiner Größe ist Rußland ziemlich kohlenarm. Von nennenswerter Bedeutung sind nur das polnische Steinkohlenbecken und das Becken des Donez. Das zentral-russische Bassin besitzt zwar eine ziemliche Ausdehnung (23000 qkm); die Kohle ist jedoch minderwertig, sie besitzt nur den Brennwert der Braunkohle und ist nur zu Heizzwecken verwendbar. Auch die Kohle im Ural läßt sich zum größten Teil nicht verkoken.

Das polnische Becken bildet die Fortsetzung des oberschlesischen Beckens und hat somit Anteil an dessen günstigen Verhältnissen. Es umfaßt jedoch nur ein Areal von ca. 560 qkm.

Nasse hat seinerzeit den Kohleninhalt bei Annahme von gleicher Mächtigkeit wie im oberschlesischen Becken auf 7 Milliarden Tonnen geschätzt. Doch wie er den oberschlesischen Kohlenvorrat weit unterschätzt hat, dürfte auch diese Zahl bedeutend hinter der Wirklichkeit zurückbleiben. Unter Annahme der günstigen Erfahrungen, die man neuerdings in Oberschlesien gemacht hat, dürfte das *polnische Revier* wenigstens 20 Milliarden Tonnen Steinkohlen bergen.

Das 27312 qkm umfassende Donez-Kohlenbecken hat I. v. Bock 1874 auf rund 10 Milliarden Tonnen geschätzt. Nach einem Kommissionsbericht veranschlagt der „Petersburger Herold" den Vorrat des Donez-Reviers an Steinkohlen auf 60 Milliarden Pud = rund 1 Milliarde Tonnen und an Anthrazit auf 150 Milliarden Pud = rund 2,5 Milliarden Tonnen. Nach diesen Ermittelungen wäre also nur ein Vorrat von rund 3,5 Milliarden Tonnen vorhanden.

Zu günstigeren Resultaten kommt Simmersbach. Im westlichen Teil des südrussischen Beckens, im Gouvernement von Jekaterinoslaw, nimmt er 45 abbaufähige Flötze mit einer Gesamtmächtigkeit von 34 m an und schätzt den Kohlenreichtum auf 6,8 Milliarden Tonnen. Kohlenreicher ist der östliche Teil des Donezbassins. Hier trifft man besonders gute Anthrazitlager an. Das gesamte Becken umfaßt einen Vorrat von wenigstens 15 Milliarden Tonnen.

Die Kaukasusfelder dürften mehr als 115 Millionen Tonnen nicht enthalten. Läßt man die in Zentralrußland und im Ural lagernden Kohlenschätze unbeachtet, und sieht man dafür die oben erwähnten Kohlenvorräte, mit Abzug sämtlicher Abbauverluste, als wirklich gewinnbar an, so erhält man einen Kohlenreichtum Rußlands von insgesamt 35115 Millionen Tonnen.

Bei einer Jahresförderung von 50 Millionen Tonnen würde dieser Vorrat noch über 700 Jahre ausreichen.

Belgien.

Nach England weist Belgien die relativ stärkste Kohlenproduktion und Kohlenkonsumtion auf. Die Steinkohlenfelder von Hennegau, bei Namur und Lüttich durchziehen ganz Belgien von Westen nach Osten. Sie stehen in geologischem Zusammenhang mit dem nordfranzösischen Becken von Valenciennes und dem Aachener Becken und stellen so die Verbindung zwischen beiden her.

Genauere Ermittelungen der Kohlenvorräte sind noch nicht angestellt worden. Nasse hat durch Vergleich mit dem Wurmbecken bei Aachen den in diesen Feldern lagernden Vorrat an wirklich gewinnbarer Kohle auf 14,7 bis 16,5 Milliarden Tonnen geschätzt. Gemäß der damaligen Förderung sollte dieser 700 bis 800 Jahre ausreichen.

Inzwischen hat man in der Provinz Limburg neue Kohlenlager angebohrt. Im nördlichen Belgien hat man in der Provinz Antwerpen das Campinebecken erschlossen.

Die übrigen europäischen Staaten kommen als Steinkohlenländer wenig oder gar nicht in Betracht.

Schweden.

Schweden hat nur wenig und minderwertige Kohle aufzuweisen. Im Süden bei Höganas und Helsingborg wird etwas Steinkohlenbergbau betrieben. Die Förderung betrug 1905 = 322 000 Tonnen und hat diesen Höhepunkt seitdem nicht wieder erreicht.

Norwegen.

Norwegen hat keine Kohlenförderung zu verzeichnen.

Dänemark.

Dänemark ist sehr arm an Kohlen. Etwas Steinkohle ist nur auf Bornholm erschlossen worden, und diese hat sich als sehr minderwertig herausgestellt.

Niederlande.

Auch die Niederlande sind verhältnismäßig kohlenarm. In der Provinz Limburg werden einige Steinkohlengruben betrieben. Nach einem Bericht in den „Bergwirtschaftlichen Mitteilungen" soll in einer Tiefe von etwa 700 m bei Beesel das erste umfangreiche Kohlenlager angebohrt worden sein.

Schweiz.

In der Schweiz hat man geringe Kohlenfunde in den Kantonen Wallis, Zürich, Freiburg, Bern, Waadt und Thurgau gemacht. Die Förderung ist nicht nennenswert.

Spanien.

Reiche Kohlenlager weisen die Provinzen Asturien, Cordoba und Valencia auf. Bisher ist aber Abbau nur wenig betrieben worden. Die Felder liegen teilweise sehr günstig zum Meere. Es ist daher nicht ausgeschlossen, daß die Kohlengebiete Spaniens einmal noch eine gewisse Rolle spielen werden.

Portugal.

Die Kohlenlager sind ganz unbedeutend. Die Förderung beträgt nur einige 1000 Tonnen.

Italien.

Ebenso geringe Bedeutung wie die portugiesischen Steinkohlenlager haben diejenigen Italiens. Die Gesamtausbeute betrug 1910 nur 400 000 Tonnen.

Balkanstaaten.

Von den Balkanstaaten bezieht G r i e c h e n l a n d die Steinkohlen von den jonischen Inseln. S e r b i e n hat einige Kohlenlager an der Donau. R u m ä n i e n fördert nur etwas Braunkohle; und die Türkei hat erwähnenswerte Gruben nur bei Eregli.

Die zuletzt genannten Kohlenlager haben nur einen geringen lokalen Wert. Für den europäischen Markt oder gar für den Weltmarkt haben sie nicht die geringste Bedeutung. Sie kommen daher auch bei einer Untersuchung über die Erschöpfung der Weltvorräte nicht in Betracht.

Vereinigte Staaten von Nordamerika.

Überaus reich an Kohlen sind die V e r e i n i g t e n S t a a t e n v o n A m e r i k a. Kohlenlager sind hier fast überall anzutreffen. Die hauptsächlichsten Kohlendistrikte sind:

1. Die Anthrazitdistrikte in O s t - P e n n s y l v a n i e n und in N e w - E n g l a n d.

2. Die Kohlenfelder in der Trias an der atlantischen Küste in V i r g i n i a und N o r d - K a r o l i n a.

3. Die appalachischen Kohlenfelder von Pennsylvanien bis Alabama. Ein überaus reiches und großes Kohlenfeld, das sich über 800 Meilen in einer Breite von 30 bis 180 Meilen hinzieht.

4. Die nördlichen Steinkohlenfelder in M i c h i g a n.

5. Die zentralen Steinkohlenfelder in Indiana, Illinois und Kentucky.

6. Die R o c k y - M o u n t a i n s - Kohlenfelder.

7. Die westlichen Steinkohlenfelder in Jova, Missouri usw.

8. Die Kohlenfelder an der P a c i f i q u e - K ü s t e.

Das Gesamtareal, das diese Kohlenfelder einnehmen, umfaßt nach Schätzungen des U. St. Geological Survey 496 776 qml. Hiervon entfallen auf die Anthrazitkohlenfelder von Pennsylvanien 480 qml. Die Weichkohlen sind über ein Gebiet von 250 052 qml verbreitet. Die subbituminösen, d. h. die zwischen Stein- und Braunkohlen stehenden Kohlen bedecken 97 630 qml, und auf die bisher bekannt gewordenen Braunkohlenfelder kommen 148 609 qml.

Zu bedenken ist, daß bei diesen Berechnungen immer mit einem normalen Abbauverlust von 25% gerechnet worden ist. In den Vereinigten Staaten ist aber von jeher bedenklicher Raubbau getrieben worden, so daß 50 und noch mehr Prozent verloren gegangen sind. Sollte es nicht gelingen, diesem Übelstand abzuhelfen, dann würden allerdings die Vereinigten Staaten einer Kohlennot weit früher entgegengehen.

Kanada.

Ebenso reich an Kohlen wie die Vereinigten Staaten ist K a n a d a. Abgesehen von Quebec und Ontario, wo große T o r f l a g e r auftreten, findet man in jeder Provinz Kohlen. Im Osten stehen durchweg bituminöse Kohlen an, im Nordwesten herrschen ausgedehnte Braunkohlenlager vor. Jenseits des Felsengebirges lagern Braunkohle und Anthrazit.

Ostkanada.

Die wertvollsten Kohlenlager sind in Neu-Schottland. Sie sind fast alle abbauwürdig. Das Areal umfaßt 2569,28 qkm. Man unterscheidet vier Hauptkohlenbecken:

1. Das Cumberland-Kohlenfeld im westlichen Teile der Provinz. Es liegt an der Chignecta-Bay, dem nordwestlichen Arme der Bay of Fundy. In einer Mächtigkeit von wenigstens 30 engl. Fuß umfaßt es 906,50 qkm.

2. Das Inverness-Kohlenbecken liegt an der Westküste der Cape Breton - Insel; die durchschnittliche Mächtigkeit beträgt 7 engl. Fuß.

3. Das Picton-Kohlenbecken im Picton-County. Hier stehen Kohlen von bester Qualität und 3,5 bis 45 engl. Fuß Mächtigkeit auf einem Areal von 64,75 qkm an.

4. Das Sydney-Kohlenbecken im Nordosten der Cape Breton-Insel. Es umfaßt ein Gebiet von 497,28 qkm.

Ein weiteres produktives Kohlenvorkommen ist auf einem verhältnismäßig kleinen Gebiete von 290 qkm um den Grand Lake zu verzeichnen.

Westkanada.

Die Kohlenlager Westkanadas erstrecken sich über ganz Alberta, zum Teil ins westliche Saskatschewan. Man unterscheidet hier:

1. Den Souris-River-Kohlenbezirk im südlichen Manitoba. Es stehen hier nur Braunkohlen an, und zwar in Manitoba auf einem Flächenraum von 124 qkm und daran anschließend in Saskatschewan auf einem Flächenraum von 19 425 qkm.

2. Die drei dem Alberta-Kohlendistrikt angehörenden Grubenbezirke: das Crowsnest-Kohlenrevier, das Bankhead-Kohlenrevier und das Edmonton-Revier mit zusammen 40 505 qkm.

Britisch-Kolumbien.

Bereits Mitte des vorigen Jahrhunderts begann hier die Förderung in den Kohlenlagerstätten von Nanaimo auf der Vancouver-Insel. Es findet sich hier durchweg bituminöse Kohle von bester Qualität. Man teilt das Gebiet in drei Bezirke ein:

1. In den Crowsnest-Paß-Distrikt, 596 qkm groß.

2. In den Distrikt der Queen Charlotte-Inseln, 2972 qkm umfassend.

3. In das Revier der Vancouver-Insel mit außerordentlich großen Vorräten, besonders in den zwei Bezirken von Comox (777 qkm) und von Nanaimo (518 qkm).

Yukon-Gebiet.

Hier liegen verschiedene Kohlenlager besonders längs des Yukon-Flusses.

Über den, in diesem großen Kohlenbecken lagernden Kohlenvorrat sind verschiedene Schätzungen vorhanden. Nach B. Harms kann folgender Kohlenvorrat angenommen werden:

Ostkanada:

Neu-Schottland	7 112 Millionen Tonnen
Neu-Braunschweig	100　　„　　　　„

Westkanada:

Manitoba	335 Millionen Tonnen
Saskatschewan (Braunkohle) . . .	12 192　　„　　　　„

Albertakohlendistrikt:

Anthrazit . . . . 406 Millionen Tonnen
Steinkohle . . . . 45 200   „   „
Braunkohle . . . . 36 576   „   „

Britisch-Kolumbien:

Anthrazit . . . . 20 320 Millionen Tonnen
Steinkohle . . . . 39 217   „   „
Braunkohle . . . . 194 460   „   „

Yukon:

Anthrazit . . . . 32 512 Millionen Tonnen
Steinkohle . . . . 32 512   „   „
Braunkohle . . . . 518 160   „   „

In Summa rund 100 Milliarden Tonnen.

Kanada hat 1910 nahezu 12 Millionen Tonnen Kohle abgebaut. Die Förderung hat sich sehr schnell gehoben. Bei dem ungeheuren Kohlenreichtum und der überaus günstigen Lage der Kohlenfelder dürfte Kanada bald ein Kohlenzentrum für den Weltmarkt werden.

Die heutige Förderung von 12 Millionen Tonnen könnte über 8500 Jahre anhalten, ehe der Kohlenvorrat erschöpft sein würde. Eine weitere Produktionssteigerung ist aber mit Gewißheit zu erwarten. Würde diese auch eine Höhe von 100 Millionen Tonnen jährlich erreichen, so ist immerhin an eine Erschöpfung der kanadischen Kohle vor 1000 bis 1500 Jahren nicht zu denken.

Die übrigen amerikanischen Staaten.

Mexiko.

Mexiko birgt sicher viel mehr Kohlen, als man bisher angenommen hat. Bemerkenswerte Förderung wird jetzt nur im Staate Coahuila betrieben.

Mächtige Anthrazitlager stehen vermutlich am Golf von Kalifornien im Staate Sonora an. Ebenso finden sich Kohlenlager in Honduras, San Salvador, Nicaragua und Costarica. Die Ausbeute all dieser Lager ist vorläufig unbedeutend.

Kuba.

Neben Braunkohlen soll Kuba noch reiche Steinkohlenlager besitzen. Näheres darüber ist noch nicht bekannt. Eine nennenswerte Förderung hat noch nicht stattgefunden.

Südamerika.

Die südamerikanischen Staaten haben zwar fast alle Kohlenlager aufzuweisen, doch besitzen diese wenig Bedeutung. Kolumbia und Venezuela scheinen reich an Kohlen zu sein, die aber nur wenig abgebaut werden. Ebenso sind in Ecuador und Peru Anthrazitlager gefunden worden. Brasilien besonders hat zwei große Becken, eins von Para zum Rio de Madeira reichend, das andere in der Gegend des Ucayali und des Caapore, eines Nebenflusses des Madeira. Außerdem lagern im Süden noch Kohlen an mehreren Stellen des Staates San Paolo, im Tale des Rio Ivahy, am Rio Tibagy, in Parana und im Staate Santa Catharina. Im Verhältnis zur Größe des Staates sind aber auch diese Kohlenbecken unbedeutend. Die Regierung Argentiniens hat im Jahre 1870 auf die Entdeckung eines ergiebigen, abbauwürdigen Kohlenlagers eine große Prämie ausgesetzt, die aber bis jetzt noch nicht zur Verteilung gekommen ist. Wohl hat man an verschiedenen Stellen Kohlenlager angetroffen, doch ist keines von Bedeutung. Chile endlich besitzt Braunkohle und im Süden Anthrazitlager.

Alle diese Staaten sind geologisch viel zu wenig bekannt, als daß sich auch nur eine annähernde Schätzung der vorhandenen Kohle machen läßt. Wahrscheinlich sind die Lager auch nicht von einer derartigen Ergiebigkeit, daß sie dereinst eine nennenswerte Rolle auf dem Weltmarkte spielen werden.

Asien.

Russisch-Sibirien.

Das größte Steinkohlengebiet des sibirischen Rußlands ist das unweit der Stadt Tomsk gelegene 23 000 qkm große Kusnetzkische Kohlenbecken. Hieran schließt sich das Kohlenbecken von Elbaschkoje und dann sind die Lagerstätten von Sudschenka zu nennen. Diese Becken dürften eine ziemliche Menge Kohlen bergen. Genauere Untersuchungen sind noch nicht angestellt worden, infolgedessen können auch keine annähernden Angaben über den Kohlenvorrat gemacht werden. Größere Aufmerksamkeit hat man der Insel Sachalin geschenkt. Zwei Expeditionen unter der Leitung des Geologen N. P. Tichonow und des Bergingenieurs Polewoj haben geologische Untersuchungen auf der Insel vorgenommen. Sie haben besonders in der nördlichen Hälfte großen Kohlenreichtum gefunden. Gegen 15 Kohlenlager sind längs der Westküste des Tartarischen Meerbusens festgestellt worden. Wahrscheinlich liegen auch im Innern große Kohlenmengen. Die geographische Lage der Insel läßt vermuten, daß Sachalin in nicht allzu ferner Zeit in der Kohlenversorgung des fernen Ostens eine wichtige Rolle spielen wird.

Ausgedehnte Steinkohlenlager finden sich auf Nowaja-Semlja und dunkelbraune bis pechschwarze Lignite in Westsibirien.

Große Kohlenfelder liegen ferner an der Ostküste von Grönland.

Kapitän Janes, der 1911 die Bernier Expedition in das nördliche Eismeer mitgemacht und 8 Monate lang Bodenuntersuchungen angestellt hat, berichtet, daß die beiden größten Kohlenfelder der Welt in Baffinsland entdeckt worden seien. Er erklärt, daß die Felder trotz der nördlichen Lage das ganze Jahr hindurch ausgebeutet werden könnten und daß die Kohle fast frei liegt und nur abgeschaufelt zu werden braucht.

Ergiebige Kohlenfelder besitzt auch die Bäreninsel im nördlichen Eismeer zwischen dem Nordkap und Spitzbergen. Die Zahl der Flötze wird auf 20 angegeben, von denen unbedingt drei abbauwürdig sind. Der Vorrat wird auf wenigstens 100 Millionen Tonnen geschätzt.

Das kohlenreichste Land im hohen Norden scheint Spitzbergen zu sein. Mehrere abbauwürdige Kohlenflötze sind in der Kohlenbay und Adventbay nachgewiesen worden. Weitere Kohlenfunde hat man gemacht im Prinz Karl-Vorland in der Kingsbay, Crossbay, im Eisfjord, am Bellsund usw. Bereits 1865 schlug Kommerzienrat Wolff anläßlich der ersten deutschen Nordpolexpedition die Bildung einer Gesellschaft vor, mit dem Sitz in Bremen oder Hamburg, deren Aufgabe es sein sollte, die Kohlenvorräte Spitzbergens und der angrenzenden Inseln auszubeuten und sie unmittelbar den deutschen Häfen zuzuführen. Seine Anregung hat leider keinen Erfolg gehabt. Dagegen haben eine amerikanische und eine englische Gesellschaft den Abbau dieser Kohlen in Angriff genommen und zwar an der Adventbay, da hier die Verhältnisse am günstigsten liegen. Die wirtschaftliche Bedeutung dieser Kohlenfelder geht schon daraus hervor, daß die dortigen Kohlen in Norwegen und am Weißen Meer mit der englischen Kohle erfolgreich in Wettbewerb treten. Über die Mächtigkeit und Beschaffenheit der Kohlen fehlen noch nähere Angaben. Sicher ist aber, daß diese Vorräte viele 100 Millionen Tonnen betragen.

Die reichen Kohlenfelder Spitzbergens haben auch die Entscheidung über die geographische Zugehörigkeit dieses herrenlosen Eilandes zwischen Norwegen und England gebracht.

Die Kohle wurde hauptsächlich von den Spitzbergen berührenden Ausflugdampfern gebunkert. Erst die Kohlenkatastrophe der Nachkriegszeit hat auch den Wert der noch nicht erschlossenen Kohlenflötze Spitzbergens erhöht.

China.

China soll das kohlenreichste Land der Welt sein. Die größte Verbreitung haben die Steinkohlenlager nach v. Richthofen im nördlichen China. Anthrazite und bituminöse Kohlen finden sich

im Nordosten in den Provinzen Liautung und Schantung. Die
Schichtgebilde von Liautung haben eine beschränkte Ausdehnung.
Die Kohle ist von schlechter Beschaffenheit. Sie gewinnt nur durch
ihre günstige Lage an einer tiefen Meeresbucht etwas Wert. Weitere
Kohlenlager sind im Westen in Kansu und Schansi erschlossen
worden. Das weitaus wichtigste und größte Vorkommen ist jedoch
das in der Umgegend von Peking. Es scheint hier das größte Anthrazitlager der Welt zu liegen. Nach v. Richthofen umfaßt das
Kohlenareal 34 870 qkm, sein Kohlenreichtum soll 630 Milliarden
Tonnen erreichen. Die Kohle ist von ausgezeichneter Beschaffenheit, und die Lage des Vorkommens sehr günstig. Bei obiger Schätzung hat v. Richthofen nur die Ausdehnung des 2 bis 3000 Fuß
hohen Kohlen-Plateaus in Betracht gezogen. Das gesamte kohlen-
führende Areal von Schansi ist auf 1600 bis 1750 deutsche Quadrat-
meilen zu veranschlagen. Der Kohlenvorrat kann deshalb mindestens zu 1260 Milliarden Tonnen angenommen werden.

Statistisches Material über die Förderung liegt betreffs China nicht
vor. Heute beträgt sie etwa 8 bis 10 Millionen Tonnen.

Werden die Vorräte Nordamerikas und Europas dereinst erschöpft
sein, dann dürfte China auf Grund seines ungeheuren Kohlenreichtums berufen sein, in der Weltwirtschaft eine wichtige Rolle zu
spielen. Sicher birgt China mehr Kohle, als Amerika und Europa
zusammen.

Japan.

Der japanische Kohlenbergbau hat in den letzten Jahrzehnten einen
großen Aufschwung genommen. Japan deckt heute nicht nur seinen
stetig wachsenden Eigenbedarf an Kohlen, sondern steht auf wichtigen Kohlenmärkten anderer Länder, wie insbesondere Shanghai,
Hongkong und Singapore, unter den Bezugsländern für Steinkohle
an erster Stelle. Das Hauptlager liegt auf Kiushiu, es förderte 1912
ca. 12 Millionen Tonnen, d. h. 77 % der Gesamtproduktion Japans.
Als zweiter Kohlenbezirk kommt die Insel Jesso in Frage mit einer
Förderung von 1,5 Millionen Tonnen = 9,7 % im Jahre 1910. Der
Rest der Förderung entfällt auf die Hauptinsel Hondo. Außerdem
bezieht Japan Kohle aus den Kohlenfeldern bei Pyöng-Yang am
Südufer des Ta-Tong-kang für seine Brikettfabrik in Tekuyana, die
das Heizmaterial für die japanische Kriegsmarine liefert.

Authentische Berechnungen der Vorräte Japans liegen jetzt noch
nicht vor. Eine annähernde Schätzung ist infolge zu geringer geo-
logischer Aufschlüsse noch nicht möglich. Nach Frech (1910) beträgt der Gesamtvorrat 1,2 Milliarden Tonnen.

III. Die Kohle als Brennstoff.

Chemie der Kohle.

Die Kohlengesteine werden im engeren Sinne in Braunkohle, Steinkohle und Anthrazit eingeteilt. Diese unterscheiden sich nicht scharf voneinander, sondern ihre verschiedenartigen Vorkommen gehen ineinander über. Das unterscheidende Merkmal bildet allein der Prozentgehalt an Kohlenstoff, mit diesem nimmt auch der Heizwert zu. Chemisch setzen sich die Kohlengesteine wesentlich zusammen aus Kohlenstoff, Wasserstoff, Sauerstoff und Stickstoff. Der prozentuale Gehalt der Kohlengesteine an diesen Elementen ist aus folgender Tabelle ersichtlich:

Braunkohle: 56—75% C,　3—7% H,　27—28% O,　2—13% N.
Steinkohle: 74—96% C,　0,5–5,5% H,　3—20% O,　— N.
Anthrazit:　90—96% C.

Demnach hat der Anthrazit das größte Alter aufzuweisen. Geologisch gehört er dem älteren Palaeozoikum an. Im jüngeren Palaeozoikum herrscht die Steinkohle, während die Braunkohle ihr Entstehen den Tertiärformationen verdankt, doch ist auch dies nicht immer zutreffend, besonders gilt dies von manchen Kohlen aus der älteren Tertiärformation, die in ihren Eigenschaften den Steinkohlen so nahe stehen, daß man mit Sicherheit kaum einen Unterschied machen kann.

Das Unterscheiden zwischen den verschiedenen Arten der Kohle ist wichtig, da die einzelnen Arten infolge ihrer verschiedenen chemischen Zusammensetzung ganz verschieden ausgebeutet werden, und die Gewinnung ganz verschiedener Nebenprodukte ermöglichen.

Als chemisches Unterscheidungsmerkmal zwischen Braunkohlen und Steinkohlen dient der Umstand, daß Braunkohlen bei der trockenen Destillation ein durch freie Essigsäure sauer reagierendes Destillat liefern, während das Steinkohlendestillat durch freies Ammoniak alkalisch reagiert. Doch gibt es auch Braunkohlen, die ein alkalisches Destillat liefern, so daß auch dieses Unterscheidungsmerkmal nur bis zu einer gewissen, wenn auch äußerst weit vorgeschobenen Grenze richtig ist.

Die Beschaffenheit der Braunkohle zeigt bedeutende Unterschiede. Manche sind dicht, andere wieder erdig, und namentlich diese letzteren bilden das eigentliche Rohmaterial für die Herstellung der Braunkohlenbriketts. Jüngere Braunkohlen weisen oft eine Holzstruktur auf, manche der älteren Braunkohlenarten haben aber bereits so große Ähnlichkeit mit der Steinkohle, daß deren Holzstruktur nur mit Anwendung besonderer Hilfsmittel festgestellt werden kann.

Anthrazit.

Anthrazit oder Kohlenblende heißt die Kohle der ältesten Periode, bei welcher der Zersetzungsprozeß am weitesten vorgeschritten ist, oder bei deren Bildung eine so hohe Temperatur geherrscht hatte, daß sich der Sauerstoff und Wasserstoff fast ganz verflüchtigt hatten. Die Farbe des Anthrazits ist eisenschwarz, der Glanz ist stark, der Bruch muschelig und die Masse selbst weist eine sehr dichte Struktur auf, so daß die Verbrennung gewöhnlich nur unter Anwendung eines Gebläses erfolgen kann. Im Grunde genommen ist aber der Anthrazit keine eigene Kohlenart, sondern nur eine Art von Glanzkohle, die aber sehr wenig flüchtige Bestandteile enthält, so daß sie zur Gasfabrikation und zur Kokerei ungeeignet ist. Der Anthrazit enthält nur einen geringen Wassergehalt, der bei weitem niedriger ist als jener der Steinkohle. Die chemische Analyse ergibt bei Anthrazit in 100 Teilen an brennbaren Bestandteilen:

Kohlenstoff . . . . 92—96 $^0/_0$ Sauerstoff . . . . 2—4 $^0/_0$
Wasserstoff . . . . 2— 4 $^0/_0$ Stickstoff . . . . 1—2 $^0/_0$

Der Anthrazit stellt die oberste Entwicklungsstufe in der Reihe der fossilen Brennstoffe dar. Vom Holz bis zum Anthrazit findet eine allmähliche Abnahme von Sauerstoff und eine Zunahme von Kohlenstoff statt. Das Holz enthält den wenigsten Kohlenstoff und den meisten Sauerstoff, beim Anthrazit ist das Verhältnis umgekehrt.

Es wird dies folgendermaßen erklärt: Bei der allmählichen Umbildung der an Sauerstoff reichen Pflanzen treten Kohlensäure, Sumpfgas (das sich in den Steinkohlenbergwerken fortwährend beobachten läßt und unter dem Namen Grubengas oder schlagende Wetter schon viele Katastrophen verursacht hat), Kohlenoxydwasser, häufig auch flüssige Produkte wie Erdöl auf. Die zurückbleibende Masse wird dadurch natürlich immer ärmer an Sauerstoff, während der Kohlenstoff in demselben Verhältnis zunimmt. Je älter die Kohle ist, desto weiter ist die Zersetzung vorgeschritten und desto größer ist der Kohlenstoffgehalt.

Steinkohle.

Die Steinkohle oder Schwarzkohle entstammt älteren geologischen Formationen als die Braunkohle und verdankt ihr Entstehen den urweltlichen Monokotyledonen, namentlich Farrenkräutern, Lykopodien und Equiseten. Meist kommt sie in großen Lagern vor. in denen die Steinkohlenschichten mit Schieferton und Sandstein abwechseln. Die Masse ist bedeutend dichter und kompakter als jene der Braunkohlen; die Holzstruktur ist nicht mehr wahrzunehmen; das spezifische Gewicht ist schwerer als das des Wassers, und chemisch analysiert wird ein bedeutend höherer Kohlenwasserstoffgehalt konstatiert.

Aber auch unter den Steinkohlen gibt es verschiedene Arten, die man nach ihrem Verhalten in der Hitze unterscheidet, so die Sandkohle, die bei der Destillation in Pulver zerfällt, die Sinterkohle, die zusammen sintert, und die Backkohle, die beim Glühen schwarze, geschmolzene, blasige Massen bildet. Diese Aufteilung gibt zumeist auch keine scharfe Trennung, da die einzelnen Gruppen ineinander übergehen, so daß man im Bergbau auch Kombinationen kennt, wie die gesinterte Steinkohle, die zwischen der Sandkohle und der Sinterkohle steht, oder die backende Sinterkohle, die das Bindeglied zwischen Sinterkohle und Backkohle darstellt. Die letzte Ursache dieser verschiedenartigen Zusammensetzung der Steinkohle konnte bisher noch nicht ergründet werden, und man ist daher nur auf Vermutungen angewiesen.

Die Steinkohle wird nicht nur als Feuerungsmaterial, sondern auch zur Gewinnung von Koks und Leuchtgas verwendet. Die Eignung hierzu wird nun durch die verschiedenartige Zusammensetzung und die voneinander abweichenden chemischen Verbindungen in hohem Maße beeinflußt. So liefert die Backkohle den besten Koks. bedarf aber auf der Rostfläche der Feuerungsanlagen besonderer Aufsicht, da sie sonst die Rostspalten sehr leicht verstopft. Für manche Feuerungsanlagen, wo die Kohle höher aufgeschüttet wird, aber auch in Generatoren, kann die Backkohle nicht verbraucht werden.

Die verschiedenen Steinkohlenarten werden oft auch nach der Möglichkeit ihrer Gasausbeute in verschiedene Klassen geteilt, und zwar unterscheidet man: Gasarme Kohlen und gasreiche Kohlen, die in der Industrie oft auch andere Benennungen haben; so werden die gasarmen Sand- und Sinterkohlen als magere, die gasarmen Backkohlen als halbfette, und die gasreichen Kohlen als fette Kohlen bezeichnet.

Eine andere Einteilung der Steinkohle, die aber nur der Vollständigkeit halber hier erwähnt werden soll, ist die in Glanzkohle und Mattkohle. Die Glanzkohle ist tiefschwarz, besitzt ihrem Namen entsprechend einen starken Glanz, ist spröde, zerbricht leicht und wird senkrecht durch Schichtenflächen gespalten.

	Kohlen-stoff	Wasser-stoff	Sauer-stoff	Stickstoff	Schwefel	Asche	Wasser
	1	2	3	4	5	6	7
Deutsche Steinkohlen							
Zwickau Rußkohle vom Bürgerschacht .	82,1	5,3	10,4	0,6	0,3	1,1	8,01
Pechkohle vom Anzaraschacht	73,8	4,7	14,1	0,6	0,5	6,2	6,0
von Oberhohndorf-Sachsen . .	76,0	5,0	10,0	0,2	1,5	2,8	4,5
von Planitz-Sachsen	77,3	4,2	9,3	0,2	0,5	4,0	4,8
von Zwickau-Sachsen.	72,2	4,8	12,3	0,2	1,8	2,4	6,3
von Niederwürschnitz-Sachs. .	71,6	4,3	10,8	0,2	1,5	4,5	7,5
Hänichen-Sachsen	68,2	3,7	10,0	0,5	1,1	14,0	4,2
Potschappel-Sachsen	64,4	3,3	14,5	0,2	0,8	14,0	3,3
Königliche Werke Sachsen. . . .	65,4	4,2	11,0	0,1	1,3	14,6	4,3
Königliche Werke Sachsen. . . .	56,6	3,8	10,8	0,1	3,1	23,4	4,01
Bethelsdorf-Sachsen	54,1	3,7	10,9	0,2	2,2	27,6	3,2
Ebersdorf-Sachsen	40,5	2,7	12,1	0,1	0,8	41,7	3,7
Preußische Steinkohlen							
Revier Bochum:							
Zeche Engelsburg — Flötz Stem-mansbank	85,9	4,56	4,77	1,56	0,0	3,21	0,0
Zeche Friedrich-Wilhelm — Flötz Siebenhandbank	82,22	5,00	7,71	—	—	5,07	—
Zeche Präsident — Flötz Präsident	79,72	4,62	11,56	0,84	—	3,26	—
Zeche Franziska — Tiefbau Hangen-des Flötz	77,10	4,55	11,79	—	—	6,56	—
Zeche Louise — Flötz Nr. 8 . . .	78,05	5,05	12,92	—	—	3,98	—
Revier Ibbenbüren:							
Zeche Schafberg — Flötz Alexander-berg	82,02	4,16	4,53	—	—	9,29	—
Zeche Glücksberg — Flötz Flott-well	77,25	4,02	8,14	—	—	10,59	—
Zeche Glücksberg — Flötz Franz.	72,65	4,06	9,24	—	—	14,05	—
Zeche Laura bei Minden	74,81	4,35	8,76	—	—	12,08	—
Revier Inde bei Eschweiler:							
James-Grube — Flötz Großkohl .	89,5	4,2	4,0	—	—	2,20	—
Zentrum-Grube — Flötz Großkohl.	83,7	4,0	7,0	1,2	—	4,00	—
Zentrum-Grube — Flötz Gyr . . .	90,62	4,5	1,31	—	—	3,57	—
Zentrum-Grube — Flötz Forneyel.	84,05	4,27	2,22	—	—	9,45	—
Revier Essen:							
Zeche Satzmark und Neumark — Flötz Röttgersbank	85,6	4,6	5,9	1,71	—	2,1	—
Zeche Hundsnacken — Flötz Hitz-berg	88,2	3,8	3,7	—	—	4,2	—
Zeche Viktoria-Matthias — Flötz Anna	86,43	5,32	5,67	—	—	2,58	—
Zeche Kunstwerk — Flötz Sonnen-schein	89,58	4,30	4,04	—	—	2,08	—
Revier Oberschlesien:							
Eugeniens Glück-Grube	73,2	4,9	19,1	—	—	2,7	—
Königs-Grube — Gerhardt-Flötz .	79,5	4,8	12,9	—	—	2,6	—

	Kohlen-stoff	Wasser-stoff	Sauer-stoff	Stickstoff	Schwefel	Asche	Wasser
	1	2	3	4	5	6	7
Louisen-Grube — Oberflötz . . .	70,0	4,9	14,8	—	—	10,1	—
Fausta-Grube — Fausta-Flötz . .	77,2	4,5	13,3	—	—	4,8	—
Königin - Luise - Grube — Heinitz-Flötz	73,9	4,8	15,1	2,5	—	3,6	—
Morgenrot - Grube — Morgenrot-Flötz	74,57	4,82	16,14	—	—	4,47	—
Königs-Grube — Heinzmanns-Flötz	73,48	4,95	18,64	—	—	2,93	—
Louisen-Grube — Unterflötz . .	70,79	5,32	19,34	—	—	4,55	—
Fausta-Grube — Clara-Flötz . .	76,63	4,98	13,92	—	—	4,47	—
Hoym-Grube — Hoym-Flötz . . .	72,96	4,38	12,12	—	—	10,54	—
Leo-Grube — Leo-Flötz	78,32	4,89	12,95	—	—	3,94	—
Königin - Louise - Grube — Poch-hammer-Flötz	77,25	4,98	13,86	—	—	3,91	—
Königin - Luisen - Grube — Reden-flötz	82,72	5,0	10,67	—	—	1,56	—
Leopold-Grube — Leopold-Flötz .	76,21	5,03	13,50	—	—	5,26	—
Revier Saarbrücken:							
Gerhardt-Grube — Brust-Flötz . .	72,4	4,4	15,0	—	—	8,1	—
Heinitz-Flötz — Bücher-Flötz . . .	80,5	5,0	11,9	—	—	2,5	—
Duttweiler Grube — Natzmer-Flötz	83,6	5,1	9,0	0,6	—	1,5	—
Duttweiler Grube — Briev-Flötz .	81,29	5,3	8,54	—	—	4,87	—
Gerhardt-Grube — Heinrich-Flötz.	70,20	4,7	13,27	—	—	11,82	—
Heinitz-Grube — Aster-Flötz . . .	78,97	5,10	13,22	—	—	2,71	—
Revier Waldenburg:							
Segengottes-Grube — älteres Flötz	82,0	5,2	10,2	—	—	2,51	—
Gräflich Hochberg-Gruben — zwei-tes Flötz	70,0	5,6	14,3	—	—	9,10	—
Glückshilf-Grube — zweites Flötz.	80,8	5,1	9,5	—	—	4,6	—
David-Grube — Hauptflötz . . .	79,18	1,55	11,08	—	—	5,19	—
Fuchs-Grube — achtes Flötz . . .	79,30	5,06	10,56	—	—	5,08	—
Neue Heinrichs - Grube — zweites Flötz	80,82	4,96	8,14	—	—	6,08	—
Revier Wettin:							
Löbgrüner Grube — Oberflötz . .	81,4	3,7	3,6	—	—	10,79	—
Wettiner Grube — Oberflötz . . .	77,5	5,1	5,3	—	—	12,04	—
Revier Worms bei Aachen:							
Neuhauer Weg - Grube — Flötz Furth	88,6	4,1	4,4	—	—	2,9	—
Neulauer Weg - Grube — Flötz Großathwerk	89,32	3,8	2,71	—	—	4,17	—
Alte Grube — Flötz Großlangen-berg	90,4	4,1	4,1	—	—	1,4	—
Belgische Steinkohlen							
Levant du flenu	82,9	5,2	10,1	—	—	1,7	—
Esconfieux	85,1	4,4	7,2	—	—	2,1	—
Bellevue.	86,4	4,4	6,0	—	—	3,1	—
Sars le Moulins	88,7	4,2	5,2	—	—	1,8	—

	Kohlen-stoff	Wasser-stoff	Sauer-stoff	Stickstoff	Schwefel	Asche	Wasser
	1	2	3	4	5	6	7
Französische Steinkohle							
Mais, Dep. du Gard	88,5	4,8	—	5,1	—	1,4	—
Anthrazitkohle von Lamure . . .	89,0	1,6	—	4,6	—	4,5	—
Italienische Steinkohle							
Fette Kohle von Monte Bomboli .	76,5	4,8	13,0	0,9	—	5,7	6,1
Magere Kohle von Monte Massi .	62,0	5,0	17,8	0,9	—	14,2	5,7
Ungarische Steinkohle							
Fette Backkohle — Michaelis-Grube bei Vaszas	88,7	5,0	—	6,2	—	2,9	—
Sinterkohle — Grube von Purkari.	85,3	5,0	—	9,6	—	1,6	—
Sinterkohle — Grube von Merkur.	84,5	4,9	—	10,5	—	2,6	—

Die Mattkohle hat einen schwachen, oft auch gar keinen Glanz, ist fest und hart und enthält weniger Kohlenstoff als die Glanzkohle.

Bei der chemischen Analyse weist die Steinkohle keine so einfache chemische Verbindung auf wie die Braunkohle; sie ist vielmehr ein Gemenge von sauerstoffreicheren mit sauerstoffärmeren Verbindungen oder mit Kohlenwasserstoffen.

Ebenso wie später bei den Braunkohlen möge auch bei den Steinkohlen die vorstehende Tabelle einen Überblick über die Zusammensetzung der wichtigsten deutschen Steinkohlen bieten, der zum Vergleich auch einige ausländische Steinkohlenarten angefügt werden.

Die Braunkohle.

Im Bergbau unterscheidet man folgende Braunkohlenarten:

Die Pechkohle, die älteste Braunkohle, sie ist sehr spröde, pechschwarz und wachs- bis fettglänzend, ihr Bruch ist muschelig und sehr hart und der Gehalt an hygroskopischem Wasser gering, ihr Brennwert ist bedeutend.

Glanzkohle heißt eine bessere, weniger spröde, aber sehr harte Abart, die überwiegend in den tschechischen Braunkohlenrevieren zutage gefördert wird.

Die gewöhnliche Braunkohle, die bereits einen geringen Brennwert aufweist, ist matt, braunschwarz, ihr Bruch flach, muschelig oder eben, aber die Holzstruktur ist noch immer schwer wahrzunehmen. Eine große Ähnlichkeit mit der gewöhnlichen Braunkohle weist die sogenannte erdige Braunkohle auf, die leicht zerreiblich ist und keine Holzstruktur aufweist. Lignit, die jüngste

Braunkohle, stellt bereits einen Übergang zum Holz dar, da die Holz-struktur erhalten ist, und die deshalb auch bituminöses Holz heißt. Die Farbe ist hell bis dunkelbraun, der Gehalt an Wasser gewöhnlich groß, dementsprechend der Heizwert nur gering.

Andere Braunkohlenarten, die aber nur vereinzelt vorkommen, und in der Industrie keine größere Bedeutung erlangt haben, der Vollständigkeit halber jedoch hier aufgezählt werden sollen, sind die Mohrkohle, die lockere, schwammartige Massen bildet, die Blätter-, Nadel- und Schilfkohle, die Wachs- oder Schwelkohle, die zur Teerschwelerei benutzt wird, und endlich das Gagat, eine harte asphaltähnliche glänzende Masse, die leicht bearbeitet werden kann, Politur annimmt, und zur Herstellung von Ornamenten und Schmuckgegenständen dient.

Die Zusammensetzung der älteren Braunkohle zeigt durchschnitt-lich folgende chemische Analyse:

$$\begin{array}{lr}
\text{Kohlenstoff} & 67,5\ \% \\
\text{Wasserstoff} & 5,8\ \% \\
\text{Sauerstoff und Stickstoff} & 26,7\ \% \\
\hline
\text{zusammen:} & 100\ \%
\end{array}$$

In der jüngeren Braunkohle verschiebt sich das Verhältnis zum Nachteil des Kohlenstoffes und zugunsten des Sauerstoffes und Stickstoffes. Die chemische Analyse der jüngeren Braunkohle, nach Abzug von Wasser und Asche, ist durchschnittlich:

$$\begin{array}{lr}
\text{Kohlenstoff} & 57\ \% \\
\text{Wasserstoff} & 6\ \% \\
\text{Sauerstoff und Stickstoff} & 37\ \% \\
\hline
\text{zusammen:} & 100\ \%
\end{array}$$

Den geringsten Wassergehalt enthält naturgemäß die lufttrockene Braunkohle, etwa 20—30%, frisch geförderte Braunkohle weist oft bis 50% Wasser auf. Am meisten Wasser findet sich im erdigen Braunkohlenmulm, in dem mitunter auch 60% Wasser festgestellt wird.

Auch der Aschengehalt (die vollständig unverbrennlichen und zurückbleibenden Reste) ist wechselnd und kann bei guten Gesteins-arten bis auf 1% heruntergehen.

Die nachfolgende Tabelle enthält den Gehalt verschiedener Braun-kohlen Deutschlands an verbrennlichen Bestandteilen, sowie den Wasser- und Aschengehalt, wobei zu bemerken ist, daß der Wasser-gehalt sich auf Grubenfrische, die Menge der brennbaren Bestand-teile und der Asche auf getrocknete Kohle bezieht:

Braunkohle.
(Tabelle aus Jünemann: Brikettindustrie.)

	Kohlenstoff	Wasserstoff	Sauer- u. Stickstoff	Koks	Asche	Wasser
	1	2	3	4	5	6
Erdige stenglige von Meißner	70,1	3,2	7,5	15,4	—	—
Erdige Pechkohle von Meißner	65,6	4,7	27,1	2,4	—	—
Erdige Pechkohle von Ringkuhl. . . .	60,8	4,3	24,6	0,8	—	—
Erdige Pechkohle von Habichtswald .	57,2	4,5	26,1	1,3	—	—
Glanzkohle von Ringkuhl.	66,1	4,8	18,5	2,7	—	—
Pechkohlenartige Glanzkohle von Habichtswald	54,2	4,2	27,0	14,6	—	—
Unterste Schicht von Ringkuhl . . .	53,0	4,1	21,9	4,9	—	—
Mittlere Schicht von Ringkuhl	55,0	4,0	22,3	3,2	—	—
Stillberger	50,8	4,6	21,4	6,9	—	—
Helmstedt	68,6	4,8	19,9	8,4	—	—
Schöningen.	63,7	5,0	22,8	7,8	—	—
Schöningen zweite Grube.	64,8	4,5	23,1	7,6	—	—
Lignit von Ringkuhl	51,7	5,2	30,4	1,3	—	—
Lignit von Köln	63,4	5,0	27,1	5,5	36,1	—
Lignit von Usnach	55,3	5,7	36,8	2,2	—	—
Lignit von Laubach	57,3	6,0	36,1	0,6	—	—
Rauersche geformte bei Fürstenwalde.	55,6	4,1	19,0	21,1	—	11,0
Rauersche in Stücken	61,4	4,9	23,5	10,1	—	38,6
Frankfurt a. O.	59,6	4,8	26,4	9,0	—	16,0
Tollwitz	63,1	5,7	20,0	11,0	—	51,4
Zscherben	64,2	5,7	17,4	12,5	—	45,3
Biere	52,8	4,9	15,6	26,5	—	31,4
Stechau	64,5	5,1	25,3	4,9	—	43,7
Wittenberge	64,0	5,0	27,5	3,5	—	17,3
Riestedt, Georgen-Grube	57,1	4,0	27,0	11,6	—	33,4
Fossiles Holz.	61,1	5,1	31,0	1,8	—	31,6
Erdige Kohle mit fossilem Holz von Voigtstedt.	49,1	4,4	32,2	14,1	—	49,2
Erdige Kohle mit fossilem Holz von Löderburg.	45,3	4,9	31,9	7,8	—	49,5
Erdige Kohle von Mertendorf	49,5	5,1	22,8	21,5	—	48,6
Erdige Kohle von Altenweddingen . .	57,7	4,7	22,9	14,6	—	47,3
Erdige Kohle von Biere	55,9	4,7	22,5	16,8	—	46,9
Erdige Kohle von Tollwitz	57,4	5,2	25,4	11,8	—	49,6
Erdige Kohle von Prezsch	50,8	4,9	26,2	18,4	—	50,7
Erdige Kohle von Truditz	54,0	5,2	27,9	12,8	—	48,6
Erdige Kohle mit Stücken von Brumby.	47,8	4,2	18,4	29,5	—	40,6
Erdige Kohle von Zscherben	57,8	5,5	24,5	12,1	—	44,5
Erdige Kohle von Runtal (oberer Bau).	59,3	5,8	26,3	8,5	—	50,0
Erdige Kohle von Runtal (unterer Bau)	65,9	6,0	25,6	2,3	—	48,7
Erdige Kohle von Wörschau	60,7	5,5	23,1	10,1	—	49,9
Erdige Kohle von Gnostewitz	67,1	10,2	10,0	12,6	—	—
Erdige Kohle von Lebendorf	47,7	4,3	17,6	30,3	—	42,7
Erdige Kohle von Lebendorf in wirkliche übergehend	59,6	8,9	17,6	13,7	—	—
Helle Lignite aus der Grube Alexandria	70,2	6,4	26,4	1,9	49,3	48,5

	Kohlenstoff	Wasserstoff	Sauer- u. Stickstoff	Asche	Koks	Wasser
	1	2	3	4	5	6
Helle Lignite aus der Grube Gute Hoffnung (untere Lage)	66,7	5,6	27,6	1,0	48,6	—
Helle Lignite aus der Grube Gute Hoffnung	65,0	5,9	27,1	2,0	47,3	38,6
Helle Lignite aus der Grube Nassau (obere Lage)	62,1	5,2	26,9	5,8	51,0	32,07
Dunkle Lignite aus der Grube Adolf	58,2	5,0	35,1	1,7	37,3	20,2
Pseudo-Lignit vom Frischberg (obere Lage)	66,7	5,6	25,3	2,4	52,5	—
Pseudo-Lignit vom Kohlensegen (untere Lage)	64,3	5,5	26,1	4,1	51,3	—
Pseudo-Lignit von Nassau (obere Lage)	60,4	4,5	26,6	8,4	49,8	46,6
Pseudo-Lignit von Viktoria (obere Lage)	58,8	4,5	26,7	10,0	54,6	33,5
Pseudo-Lignit von Wilhelmszeche (obere Lage)	56,7	4,5	27,4	11,3	53,6	—
Erdige Konglomerate von Oranien (obere Lage)	55,8	4,3	18,7	14,0	52,7	—
Erdige Konglomerate von Viktoria	33,9	3,1	24,4	14,3	73,4	40,7
Erdige Konglomerate von Eduard	41,7	3,0	19,4	30,7	59,4	—
Blätterkohle von Eduard	62,8	6,7	17,3	11,0	—	24,6
Helle Lignite von Burglengenfeld bei Regensburg	65,2	5,6	28,1	1,0	46,2	—
Dunkle Lignite von Burglengenfeld bei Regensburg	63,7	5,8	29,4	0,9	49,8	45,6

Die meisten Braunkohlensorten enthalten Schwefel, der entweder als schwefelsaures Salz oder noch häufiger als Schwefelkies vorkommt und bis zu 6% enthalten ist. Die schwefelhaltige Braunkohle entwickelt beim Brennen schwefelige Säure, welche die Metalle angreift und langsam zerstört; sie hat aber noch einen anderen Nachteil, sie erhitzt sich durch den eigenen Druck sehr leicht und entzündet sich von selbst. Außerdem trocknet sie bei längerem Aufbewahren, so daß sie sehr leicht in Kohlenklein oder Grus zerfällt.

Vor dem Kriege fand die Braunkohle nur in einigen Industrien größere Verwendung. Wenn sie auch einen geringeren Wert besitzt als die Steinkohle oder der Anthrazit, so hat sie w e g e n   i h r e s   S c h w e f e l g e h a l t e s und anderer Eigenschaften doch e i n e   g e w i s s e   B e d e u t u n g; namentlich werden aus der Braunkohle sehr wertvolle Nebenprodukte gewonnen.

IV. Die bessere Ausnützung der vorhandenen Kohlenvorräte.

Die Kohlenvorräte in den kohlenreichen Ländern dürfen nicht wie früher vergeudet werden, dem Raubbau muß Einhalt geboten werden. Am 13. Mai 1908 wurde in Amerika vom Präsidenten Roosevelt eine Konferenz „zur Erhaltung der nationalen Hilfsquellen der Vereinigten Staaten" eröffnet, in der eine Schrift von **Andrew Carnegie**: „Conservation of Ores and Minerals" verlesen wurde, die eine anschauliche Darstellung des nordamerikanischen Raubbaues gibt. Hiernach sind in den Vereinigten Staaten vom Jahre 1820 bis zum Jahre 1895 insgesamt 4 Milliarden Tonnen Kohle gewonnen worden, aber in einer so unökonomischen Weise, daß man, um diese Kohlenmenge zu gewinnen, 6 Milliarden Tonnen Kohle, also anderthalbmal so viel, vollständig ungewinnbar machte. In den nächsten elf Jahren, also bis zum Jahre 1906, nahm die nordamerikanische Kohlenproduktion einen so gewaltigen Aufschwung, daß genau so viel Kohlen zutage gefördert werden konnten, wie in den vorhergehenden 75 Jahren. Mit der fortschreitenden Technik wurde die Kohlenförderung zwar schon rationeller betrieben, aber nichtsdestoweniger wurden gegenüber der Förderung von 4 Milliarden Tonnen 3 Milliarden Tonnen unbrauchbar gemacht. Das Gesamtergebnis ist also immerhin kläglich, da von 1820 bis 1906 8 Milliarden Tonnen Kohle zutage gefördert, gleichzeitig aber andere 9 Milliarden Tonnen Kohle ungewinnbar gemacht wurden.

In den letzten Jahren haben sich auch in Amerika die Verhältnisse gebessert, da die riesigen Anforderungen der Industrie ein rationelles Arbeiten fordern, aber in einigen Kohlenbergwerken Amerikas wird auch heute noch solcher Raubbau getrieben, daß gewöhnlich 40%, oft aber auch 70% Kohlen unbenutzt in den Gruben liegen bleiben.

Die Aufbereitung der Kohle.

In Europa wendet man der Aufbereitung der Kohle große Sorgfalt zu, da dies die Grundlage einer rationellen Verwertung der Kohle ist. Die Förderkohle, wie die aus der Grube kommende Kohle heißt, ist noch nicht zur Verwendung geeignet, denn sie enthält häufig nicht nur taubes Gestein, sondern sie besteht aus einem Gemenge größerer und kleinerer Stücke mit Kohlenstaub. Deshalb wird einerseits das taube Gestein entfernt, andererseits unterwirft man die Kohle noch einer weiteren Behandlung, um das Rohmaterial in verschieden große Sortimente zu trennen oder mit einem Fachausdruck: die Kohlen aufzubereiten.

Im Bergbau unterscheidet man je nach den Mitteln, deren man sich zur **Aufbereitung** bedient, eine **nasse** und eine **trockene** Aufbereitung. Die nasse Aufbereitung besteht in einem Schlämmprozeß, dem die Kohle unterworfen wird, um diese von dem tauben Gestein zu trennen. Bei der trockenen Aufbereitung wird die Kohle über die sogenannten Rätter, schrägliegende feststehende oder bewegliche Siebe gebracht, wobei sie der Größe nach zerlegt wird. In neuerer Zeit wird das **Sandspülverfahren** häufig angewendet, das eine ausgiebigere Ausbeutung der Kohle und dementsprechend eine Erhöhung der Abbauzeit ermöglicht. Das Verfahren besteht darin, daß unmittelbar nach der Gewinnung der Kohle, Sand, Schlacke, Schlamm und andere beim Bergbau gewonnene Abfälle mit Wasser vermengt, in halbflüssigem Zustande durch Röhren in die entstandenen Hohlräume geleitet und diese so wieder ausgefüllt werden. Diese, zu einem festen zementartigen Gestein erstarrte Masse verhindert dann Einbrüche und ermöglicht zugleich den Abbau sämtlicher Kohlenpfeiler, die früher als Stützen für das Hängende zur Sicherung der Betriebe stehen bleiben mußten und endgültig verloren gingen. Die praktischen Erfolge, die mit diesem Sandspülverfahren erreicht werden konnten, sind ziemlich bedeutend. In Deutschland, besonders in den oberschlesischen Werken, aber auch in Kanada konnten die Abbauverluste um die Hälfte vermindert werden.

Verwertung der Verbrennungsprodukte.

Für die Verwertung der Kohlenvorräte werden Methoden gesucht, die Förderung rationell zu gestalten und die geförderte Kohle am zweckmäßigsten auszunützen. Die Beschreibungen älterer Schriftsteller, die das schöne rote Licht der Essen am Abendhimmel besingen, gehören der Vergangenheit an, da man heute schon Mittel und Wege kennt, die entweichenden Gase aufzufangen und zu verwerten. Trotzdem die Technik heute bestrebt ist, die in der Kohle ruhende Energie möglichst auszunützen, sind große Verluste zu verzeichnen. 40% der Kohlenenergie gehen beim Anheizen der Kesselanlagen, durch das Entweichen heißer Luft durch den Schornstein, zufolge dem in den Schlacken zurückbleibenden nicht verbrannten Kohlenstoff, durch Abkühlung bei Bedienung der Feuerung und zahlreiche andere Ursachen verloren. Die übrigen 60% verbraucht der Dampfkessel für die Erzeugung des Wasserdampfes. Hier vermag die Dampfmaschine aber nur 26% nutzbar zu verwenden. Die gesamte Anlage gewinnt daher von der in der Kohle aufgespeicherten Energie nur 16%, die für verschiedene Zwecke ausgenützt werden. Dabei kann aber nur eine Dampfmaschinenanlage von großer und bester Ausführung mit einem solchen Nutzeffekt arbeiten. Im Durchschnitt werden bei derartigen Anlagen nur 10%, bei elektrischen Lichtanlagen nicht einmal ein halbes Prozent der potentiellen Energie der Kohle ausgenutzt. Immerhin bedeutet dies gegen früher eine wesentliche Besserung. Die erste Dampfpumpe von Newcomen brauchte für eine Stundenleistung von einer Pferdekraft 25 kg. James Watt konnte 1775 den Kohlenverbrauch auf 4,5 kg herunterdrücken. Seit damals haben sich aber die Verhältnisse bedeutend gebessert, so daß man für dieselbe Arbeit, für die Watt 4,50 kg Kohle verheizen mußte, heute mit fast einem Zehntel, mit 473 g auskommt.

Die Dampfturbine.

Einen bedeutenden Fortschritt in der Verwertung der Kohlenenergie brachte die Erfindung der Dampfturbine, die heute den früher allgemein gebrauchten Kolbenmotor verdrängt. In der Turbine wird ein Schaufelrad durch den einströmenden Dampf, jedoch nicht durch dessen Ausdehnungsfähigkeit, sondern ausschließlich durch Strömungsgeschwindigkeit in rascheste Umdrehungen versetzt. Abgesehen davon, daß die Dampfturbine ein kleines Format hat, ist der Verbrauch an Kohle für die geleistete Krafteinheit viel geringer, als bei den älteren Kolbenanlagen. Die Turbine hat Verwendung gefunden besonders zum Antrieb von Dynamomaschinen, die den besten Nutzeffekt haben, wenn sie möglichst viel Touren in der Minute machen. Bei der Kolbenmaschine ist nun diese Umdrehungszahl infolge der schweren hin- und hergehenden Teile immer beschränkt. Zwischen Antriebsmaschine und Dynamomaschine sind Zwischenglieder erforderlich, die ihrerseits wieder Kraft verbrauchen. Da die Turbine wenig Platz, sowie wenig Bedienungsmannschaft braucht, andererseits durch ihren gleichmäßigen Lauf die Erschütterung ausschließt, die jede Kolbenmaschine verursacht, ist sie besonders als Schiffsmotor geeignet. Die Kriegsmarine aller großen Länder baut heute fast ausschließlich Turbinenschiffe. Diese Neuerung findet aber auch auf den großen Handels und Passagierschiffen immer mehr Verwendung.

Die Verwertung der Schlacke.

Um die Kohlenvorräte in der zweckmäßigsten Weise zu verwerten, ist man auf die Ausnützung der bei der Kohlenfeuerung immer zurückbleibenden Schlacken bedacht, in denen gewöhnlich 20%

brennbare Stoffe verloren gingen. Die Schlacken wurden zwar auch schon früher verwendet, aber mit Rücksicht auf die Kosten der Aufbereitung und den niedrigen Kohlenpreis vor dem Kriege, wurde diese Frage nicht so eingehend behandelt, wie es heute notwendig ist. Welch große Werte verloren gingen, geht daraus hervor, daß von den 50 bis 60 Millionen Tonnen Kohlen, welche die deutsche Industrie verbrennt, zwei bis drei Millionen Tonnen brennbare Stoffe verloren gingen, die in den Rückständen von sechs bis acht Millionen Tonnen enthalten waren. Im Jahre 1908 hat der Verein für die bergbaulichen Interessen im Oberbergamt für Dortmund in Verbindung mit anderen Interessenkreisen Versuche in größerem Maßstabe angestellt, um Brennstoffprüfungen vorzunehmen und um sich mit den besten Methoden der Kohlenfeuerung, der Verwendung der Schlacken und den anderen einschlägigen Fragen zu beschäftigen.

Auf dem Gebiete der Ausnutzung der Schlacke hat sich F. A. Müller ein neues Verfahren patentieren lassen, das sich sehr bewährt. Das Müllersche Verfahren besteht darin, daß die Verschiedenheit der spezifischen Gewichte der brennbaren Kohle und der Schlacke ausgenützt wird. Die Schlacke wird in eine geeignete Flüssigkeit gebracht, die eine Trennung von der Kohle ermöglicht. Es ist auch für dieses Verfahren eine größere Versuchsanlage in Betrieb genommen worden, wobei es gelang, aus der Schlacke 40% brennbare Stoffe zu gewinnen.

Die Herstellung von Koks und Briketts.

Für die Verkokung kommen hauptsächlich backende Steinkohlen in Betracht. Die Verkokung des Kohlenkleins bringt zwei Vorteile mit sich: erstens wird ein großstückiges, sehr wertvolles Brennmaterial hergestellt, zweitens, wie es heute in Europa fast allgemein üblich ist, werden bei der Verkokung Destillationsprodukte gewonnen, deren Verwertung eine nicht zu unterschätzende Einnahmequelle bildet. Bei der Verarbeitung wird auch das Pech gewonnen, das bei der Herstellung der Steinkohlenbriketts eine hervorragende Rolle spielt.

Ein anderes Nebenprodukt ist der Steinkohlenteer, der heute das unentbehrliche Rohmaterial für zahlreiche chemische Industrien geworden ist. Die Herstellung des Koks aus backenden Steinkohlen bringt aber auch noch den weiteren Vorteil mit sich, daß man, durch die der Verkokung vorangehende Aufbereitung, es bis zu einem gewissen Grade in der Hand hat, den Aschengehalt des Koks herabzusetzen und besonders den Schwefelkies zu entfernen, so daß man schon dadurch imstande ist, einen möglichst schwefelfreien Koks zu erzeugen.

Bei der Herstellung von Koks spielt die Menge der festen, flüssigen und gasförmigen Produkte und ihre Zusammensetzung eine große Rolle. Ältere sauerstoffärmere Kohlen ergeben eine viel höhere Koksausbeute als jüngere, bei denen infolge ihres viel höheren Sauerstoff- und Wasserstoffgehaltes größere Mengen flüssiger Stoffe und sauerstofffreiere Produkte gewonnen werden. Für die Erzeugung von Koks sind gasarme Backkohlen am besten geeignet. Man erhält nicht nur die größte Ausbeute, sondern auch einen sehr festen Koks mit vorzüglichen Eigenschaften. Durch ein einfaches Verfahren ist man übrigens in der Lage, auch magere, schlecht backende Feinkohle zu verkoken, wenn man sie mit fester, stark backender Kohle vermengt und das Gemenge vor der Verkokung in Formen einstampft.

Herstellung von Briketts.

Einer besseren Verwertung des Kohlenstaubes dient auch die Herstellung der Briketts. Bei der Förderung der Braunkohle und der Steinkohle ergeben sich oft ansehnliche Mengen Feinkohle, die unmittelbar nur schwer zu verwerten sind. Das Bestreben, auch diese Kohle zu gewinnen, führte zur Entwicklung einer heute höchst wichtigen Industrie, zur Fabrikation der Preßkohle oder Briketts.

Der Brikettierung geht die Aufbereitung und die Zerkleinerung voraus.

Die Brikettierung der Braunkohle geschieht ohne Anwendung eines Bindemittels, während die Brikettierung der Steinkohle erst durch Zugabe eines Bindemittels möglich ist.

Eine Tonne Rohkohle von 5% Asche, 20% flüssiger Bestandteile und 75% Kohlenstoff ergibt bei Vergasung an Nebenprodukten aus 200 kg flüchtigen Bestandteilen

> 2,5 kg Salpetersäure oder 9,7 kg Ammoniumsulfat, 50 kg Teer, der auf Teerprodukte weiter verarbeitet werden kann, 4,5 kg Benzol und 135 Gaspferdekräfte.

Rationelle Bewirtschaftung im Eisenbahnwesen.

Den Beginn einer besseren Verwertung der vorhandenen Kohlenvorräte stellte die rationellere Bewirtschaftung im Eisenbahnwesen in den 80er Jahren des 19. Jahrhunderts dar. Hierüber berichtet der Direktor der Dux—Bodenbacher Eisenbahn P e c h a r in seiner Studie „Die Lokomotivfeuerbüchse für Rauchverzehrung und Brennstoffersparnis". Dieses Werk enthält auch Angaben über die bei den

Eisenbahnen in den verschiedenen Ländern eingeführten Systeme. Nach Ansicht des Verfassers war es namentlich das System Nepilly, das einen großen Fortschritt brachte.

Pechar schreibt: Die patentierte Feuerungsanlage von Paul Nepilly stellte gegenüber den anderen Systemen die Möglichkeit einer Verwendung von Kohlenstaub bei gleichzeitiger Rauchverzehrung und Erhöhung des Heizeffektes in Aussicht. Diese Feuerungsanlage verwendete den bereits bei den englischen Lokomotiven erprobten Feuerschirm aus Schamotteziegeln, charakterisiert sich aber durch den ihr eigentümlichen Stehrost und einen Klapprost. Die zahlreichen und umfassenden Versuche, die im Sommer 1881 auf mehreren mit dieser Feuerungsanlage versehenen Lokomotiven vorgenommen wurden, hatten bei dem Gebrauch von Kleinkohle und Kohlenstaub (böhmischer Braunkohle) als Heizmaterial, sowie mit Rücksicht auf die Rauchverzehrung und den Heizeffekt ein so günstiges und für den Kostenpunkt der Lokomotivheizung so vorteilhaftes Resultat — es wurde nämlich bei einer durchschnittlichen Mehrverdampfung von Wasser per 32% eine Ersparnis an Heizkosten von durchschnittlich 22% erzielt —, so daß die Dux—Bodenbacher Eisenbahn sich entschloß, ihren gesamten Lokomotivpark mit dieser Feuerungsanlage zu versehen.

Der Effekt, der durch die Nepillysche Lokomotivfeuerung erzielt wurde, bestand:

1. In einer Herabminderung der Heizkosten:

a) Durch die Verwendbarkeit der kleinstkörnigen, daher billigsten Kohlensorten, ja selbst des Kohlenstaubes; ferner

b) durch die vollständige Verbrennung des Heizmaterials, welche bei gewöhnlichen Feuerungen nicht erzielt werden kann, weshalb auch bei Verwendung wertvollerer Kohlensorten immerhin noch eine Ersparnis an Heizmaterial, demnach an Heizkosten erreicht wird, weil die erzeugte Hitze eine intensivere ist.

2. In einer mehr oder weniger vollständigen Verzehrung des so lästigen Rauches.

3. In der Beseitigung des Rohrrinnens: indem die Rohrwand durch den Feuerschirm (Schamottegewölbe) vor dem direkten Eindringen kalter Luft, daher vor plötzlicher schädlicher Abkühlung geschützt ist.

4. In der Schonung der physischen Kräfte des Heizpersonals: weil durch die Verwendung kleinkörniger Kohlensorten das Zerschlagen der Kohlen durch den Heizer zum Zwecke der Feuerung entfällt.

Allerdings werden die angestrebten Resultate der Rauchverzehrung und der Brennstoffersparnis nur dann erreicht, wenn die Anlage mit der nötigen Sachkenntnis und Sorgfalt behandelt wird.

V. Das Holz.

Als Ersatz für die Kohle ist auch an das Holz gedacht worden, das für den Laien das geeignetste Feuerungsmaterial zu sein scheint. Die Zuflucht zum Holz als Ersatzmittel der Kohle würde einen Rückschritt bedeuten. Sämtliche Holzvorräte würden nur einen geringen Bruchteil ersetzen können. Nichtsdestoweniger gewinnt das Holz als Feuerungsmaterial in letzter Zeit wieder erhöhte Bedeutung, nicht nur als direktes Brennmaterial, sondern vielmehr als Rohmaterial für die Herstellung von Holzkohle, die eine weitgehende Verwendung zuläßt. Im Nachstehenden soll daher kurz des Holzes und seiner Eigenschaften als Brennmaterial gedacht werden. Der Brennwert des Holzes wird durch den hohen Wassergehalt stark beeinträchtigt. Um auch beim Holz einen größeren Brennwert zu erzielen, läßt man es längere Zeit an der Luft liegen, wodurch ein großer Teil des Wassers verdunstet. Aber selbst durch jahrelanges Liegen ist es nicht möglich, den ganzen Wassergehalt des Holzes zu entfernen da die Holzfaser die Eigenschaft hat, aus der Luft Wasser zu absorbieren. Holz, das anderthalb bis zwei Jahre vor dem Regen geschützt, aufbewahrt wird, enthält immer noch 15 bis 20% Feuchtigkeit. Um den Wassergehalt ganz zu beseitigen, müßte man das Holz bei 100 bis 150 Grad Celsius trocknen, da dies aber zu viel Unkosten verursachen würde und man das Holz auch nicht aufbewahren kann, ohne daß es wieder 15 bis 20% Wasser aus der Luft annimmt, verwendet man ganz wasserfreies Holz nur selten.

Kohlenstoff und Wasserstoff liefern beim Verbrennen die Wärme, während der im Holz ebenfalls vorhandene Sauerstoff einen äquivalenten Teil Wasserstoff zu Wasser oxydiert und als Wasserdampf entweicht. In dem Holz kommt außer diesen drei Bestandteilen auch eine geringe Menge Stickstoff vor. Das Verhältnis der drei Grundbestandteile ist natürlich sehr verschieden. Die durchschnittliche Zusammensetzung von 100 Teilen getrockneten Holzes ist

Kohlenstoff . . . . 48,5—50 Teile,
Wasserstoff . . . . 6 — 6,8 „
Sauerstoff . . . . 43,5—45 „

Nachstehende Tabelle soll die Verschiedenheit der Zusammensetzung bei einigen der wichtigeren Holzarten zeigen:

Art des Holzes	Kohlenstoff	Wasserstoff	Sauerstoff	Art des Holzes	Kohlenstoff	Wasserstoff	Sauerstoff
Reine Holzfasern.	52,65	5,25	42,10	Lärche	50,10	6,31	43,58
Ahorn.	49,80	6,31	43,89	Linde	49,81	6,86	43,73
Birke	48,60	6,37	45,02	Pappel	49,70	6,31	43,99
Buche.	48,53	6,30	45,17	Tanne.	49,95	6,41	43,65
Eiche	52,54	5,69	41,78	Ulme	50,15	6,43	43,39
Esche	49,36	6,07	44,57	Weide	48,44	6,36	44,80
Fichte.	49,94	6,25	43,81		50,00	5,54	44,40
Kiefer	49,59	6,38	44,02				

Bei dem Holz spielen auch die verschiedenen Teile eines und desselben Baumes eine große Rolle, da die Blätter bis 80%, die Zweige aber nur bis 45% Wasser verlieren, wenn sie getrocknet werden. Nach Berechnungen von Fachleuten ergibt sich, daß die Grundbestandteile des Holzes eines und desselben Baumes ungleich verteilt sind: daß die Blätter und langhaarigen Wurzeln fast die gleiche Zusammensetzung haben, daß die Blätter und die äußersten Wurzeln weniger Kohlenstoff enthalten als die Rinde und das Holz; daß die Blätter und die äußeren Wurzeln mehr Asche enthalten, als die übrigen Teile des Baumes, ebenso alle Rinden mehr als das Holz.

Der Kohlenstoff des getrockneten Holzes wird durchschnittlich bis zu 50% angenommen, der des gewöhnlichen, nicht trockenen Holzes bis zu 40%.

Weiterverarbeitung des Holzes. Holzkohle.

Wird das Holz unter Luftabschluß erhitzt, so entweichen verschiedene Stoffe, die bei gewöhnlicher Temperatur teils gasförmig, teils flüssig oder fest sind. Es hinterbleibt eine schwarze poröse Masse, die **Holzkohle**. Dieses Produkt wird von den Kohlenbrennern oder Köhlern mit den einfachsten Mitteln gewonnen, indem man aus dem Holze sogenannte Meiler baut, diese mit einer die Luft abschließenden Schicht von Erde umgibt und das Holz langsam schwelt. Diese bei der trockenen Destillation des Holzes sich bildenden flüssigen Stoffe sind ein Gemenge wertvoller Bestandteile, die man gewinnen und verarbeiten gelernt hat. Um sie aufzufangen, umgibt man den Meiler mit einer vollkommen dichten Schicht und gestattet den Destillationsprodukten nur an einer Stelle den Austritt; von dort werden sie durch ein weites Rohr nach einem System von Kesseln geführt, in denen sich ein Teil verdichtet.

Holzteer, Holzessig und Methylalkohol.

Die Produkte, die bei der trockenen Destillation des Holzes auftreten, liefern zahlreiche wertvolle Stoffe. Sie bestehen außer Essigsäure, Wasser und anderen leicht flüssigen Substanzen aus großen
Mengen brennbarer Gase. Überläßt man die bei der Destillation sich
ausscheidenden flüssigen Produkte der Ruhe, so trennen sie sich
nach kurzer Zeit in den Holzteer und in den leichteren auf diesem
schwimmenden Holzessig. Beide Stoffe können für gewisse spe-
zielle Zwecke ohne weiteres verwendet werden. Trennt man den
rohen Holzessig von dem Holzteer und unterwirft den Holzessig
der Destillation, so erhält man einerseits rohen Holzgeist (Methylalkohol), andererseits den sogenannten destillierten Holzessig, der entweder direkt verwertet oder zu essigsaurem Kalk
verarbeitet werden kann. Um aus den essigsauren Salzen freie
Essigsäure zu gewinnen, zerlegt man sie mit einer stärkeren Mineral-
säure und destilliert die in Freiheit gesetzte Essigsäure ab. Dieses
Verfahren genügt noch nicht, eine zu Speisezwecken geeignete Essigsäure zu gewinnen, sondern es ist notwendig, durch chemische Ope-
rationen eine weitere Reinigung der Essigsäure bezw. der essigsauren Salze vorzunehmen. Essigsäure ist in der chemischen Industrie ein sehr wertvolles Produkt, denn die reine Essigsäure dient
entweder zur Herstellung von Speiseessig, oder man benützt sie
zu verschiedenen technischen Zwecken, so zur Bereitung von essigsaurem Blei (Bleizucker, Grünspan), essigsaurem Kupfer, essigsau-
rer Tonerde, die in der Färberei Verwendung findet usw.

Der rohe Holzessig enthält neben Essigsäure noch zwei weitere
wertvolle Stoffe: Holzgeist und Azeton. Der durch Destillation
des rohen Holzessigs gewonnene rohe Holzgeist enthält wieder
einen wertvollen Stoff, der bei der Fabrikation der Anilinfarben
eine hervorragende Rolle spielt; es ist der bereits erwähnte reine
Holzgeist oder Methylalkohol.

Das Azeton, das ebenfalls aus dem rohen Holzgeist dargestellt
werden kann, ist ein ausgezeichnetes Lösungsmittel für fette Harze,
ätherische Öle, Schießbaumwolle usw. Das Azeton wird ferner in
der Farbenindustrie, dann zur Herstellung von Lacken und Firnissen
und zu ähnlichen Zwecken verwendet. Große Mengen werden auch
zur Fabrikation des rauchschwachen Schießpulvers verbraucht.

Ein anderes Nebenprodukt der Holzaufarbeitungsindustrie ist der
Holzteer, aus dem ebenfalls verschiedene wichtige Bestandteile
gewonnen werden. Doch auch im rohen Zustande, wie er bei der
trockenen Destillation des Holzes erhalten wird, kann er schon zu

verschiedenen Zwecken benützt werden. Der Birkenteer dient zur Bearbeitung des Juchtenleders, das von diesem den eigentümlichen Geruch erhält. Der Teer anderer Holzarten wird wieder zur Konservierung von Holz, zur Gewinnung von Ruß und in solchen Gegenden, wo sich seine weitere Verarbeitung und Veredelung nicht lohnt, noch immer als Brennstoff verwendet.

Besonders wertvoll ist der Holzteer, wenn er weiter verarbeitet wird. Man unterwirft ihn zunächst einer zweiten Destillation. Bei 150 Grad Celsius gehen geringe Mengen Methylalkohol und Essigsäuren über, bei einer höheren Temperatur entweicht das sogenannte leichte Teeröl oder Brandöl. Dieses enthält, besonders wenn es von harzreichen Hölzern stammt, auch eine beträchtliche Menge rohes Benzinöl, sogenanntes Kienöl. Bei höherer Temperatur geht schweres Teeröl über, dem später ein dickes paraffinähnliches Öl folgt. Endlich treten Gase auf, und in der Destillationsretorte hinterbleibt eine harte poröse Masse. Wenn man aber die Destillation bei einer Temperatur von 250 Grad Celsius unterbricht, so bleibt in der Retorte ein braunschwarzes glänzendes Pech, das zur Herstellung von Schusterfett, Wagenfett, Brauerpech, dann zur Erzeugung von Preßkohle (Briketts) und zu ähnlichen Zwecken verwendet wird.

Aber auch das schwere Teeröl läßt sich noch weiter verarbeiten; so gewinnt man aus diesem Nebenprodukt das Kreosot, das in früherer Zeit in ausgedehntem Maße als Desinfektionsmittel verwendet wurde, heute jedoch durch die Karbolsäure verdrängt ist.

Gute Holzkohle ist schwarz gefärbt, klingt beim Auseinanderschlagen, besitzt einen muscheligen Bruch und läßt deutlich die Struktur des Holzes erkennen. Die chemische Analyse der verschiedenen Arten der Holzkohle ergibt folgende Bestandteile:

	Buchenholz Meilerkohle	harte Kohle	weiche Kohle
Kohlenstoff	88,89	85,18	87,43
Wasserstoff . . .	2,41	2,88	2,26
Sauerstoff.	1,46	3,44	0,54
Asche	3,02	2,46	1,56
Wasser	7,23	6,04	8,24
	100,0	100,0	100,0

Da die Holzkohle verhältnismäßig sehr rein ist, verwendet man sie in der Metallurgie zur Hervorbringung hoher Hitzegrade, besonders dann, wenn es sich gleichzeitig darum handelt, eine Verunreinigung des zu schmelzenden Metalles zu verhüten. In holzarmen Ländern hat jedoch die Holzkohle, die früher in ansehnlichen Mengen erzeugt wurde, überall dort, wo dies möglich war,

der Steinkohle oder dem aus der Steinkohle bereiteten Koks das
Feld räumen müssen. Nur in sehr holzreichen Ländern, wie z. B.
in Skandinavien, wird Holzkohle noch in sehr ausgedehntem Maße
erzeugt und verwendet, oft nur aus dem Grunde, weil die Verkoh-
lung mitunter den einzigen Ausweg bildet, um das Holz infolge
Mangel an geeigneten Transportmitteln anderweitig zu verwerten.

VI. Torf, Torfkohle und Torfbrikett.

Zu den Brennstoffen, die aus Pflanzensubstanz sich gebildet haben, und die man deshalb mit dem Sammelnamen fossile
Brennstoffe bezeichnet, gehört der Torf als jüngstes Glied dieser
Kette. Während jedoch die Bildung der Kohlen fast als abgeschlos-
sen betrachtet werden kann, entsteht der Torf auch jetzt noch. Man
ist deshalb über die Vorgänge, die sich bei der Entstehung des Torfes abspielen, bedeutend besser unterrichtet, als über die der Kohle,
trotzdem es der Chemie auch hier noch nicht gelungen ist, alle
Einzelheiten der Vertorfung aufzuklären.

Für die Bildung des Torfes wird nach Jünemann folgende Theorie
angenommen:

Im allgemeinen setzt die Torfbildung — abgesehen von gewissen
klimatischen Verhältnissen — das Vorhandensein einer Massenvege-
tation bestimmter Pflanzengattungen voraus, und zwar handelt es
sich in erster Linie um Pflanzen, zu deren Lebensbedingungen genügend Feuchtigkeit gehört. Man findet deshalb Torflager in den
Gegenden, die entweder dauernd oder doch periodisch über-
schwemmt werden, wie z. B. in Flußniederungen, oder die durch
Quellen oder durch meteorisches Wasser so feucht sind, daß sich
andere anspruchsvollere Pflanzen nicht ansiedeln konnten, sondern
der spezifischen Torfflora das Feld räumen mußten. Das Wasser,
dessen Gegenwart zur Torfbildung unerläßlich ist, spielt insofern
eine wichtige Rolle, als es die abgestorbenen Pflanzen von der
Luft abschließt und den Verwesungsprozeß, dem sie nun anheim-
fallen, in andere Bahnen lenkt, als wenn sie nach ihrem Absterben
der atmosphärischen Luft ungehindert ausgesetzt gewesen wären.
In diesem Falle hätten sich ihrer zahlreiche Bakterien bemächtigt,
die im Verein mit dem in reichlicher Menge zu Gebote stehenden
Sauerstoff der Luft ihre Zersetzung so vollständig als möglich bewirkt hätten. Die Endprodukte dieser Zersetzung wären Kohlensäure, Wasser und Ammoniak, unter Umständen freier Stickstoff gewesen; im Grunde genommen wären sie zwar langsam, jedoch vollständig verbrannt.

Ein anderes Schicksal erleiden die abgestorbenen Pflanzen dagegen, wenn sie vom Wasser bedeckt sind und die Luft nicht ungehindert zutreten kann. Zunächst werden die löslichen Bestandteile ausgelaugt, dann beginnt die geringe vorhandene Menge Sauerstoff verändernd auf die Pflanzensubstanzen selbst einzuwirken. Es werden Gase abgespalten, und zwar zunächst Methan und Sumpfgas, das sehr reich an Wasserstoff ist. Dies hat zur Folge, daß sich sowohl der Gehalt an Kohlenstoff als auch jener an Wasserstoff vermindert. Da aber im Sumpfgas viel mehr Wasserstoff als Kohlenstoff abgeht, so wird die hinterbleibende Masse prozentual reicher an Kohlenstoff werden. Ferner tritt ein Teil des in den Pflanzen enthaltenen Wasserstoffes in Verbindung mit Sauerstoff als Wasser aus. Ebenso wird Kohlenstoff in Verbindung mit Sauerstoff als Kohlensäure ausgeschieden. Beide Verbindungen sind sehr reich an Sauerstoff, ihr Austritt bewirkt daher, daß die hinterbleibende Masse, die sich zunächst lichtbraun und dann mit zunehmendem Alter immer dunkler bis tiefschwarz färbt, unausgesetzt reicher an Kohlenstoff wird.

Mit diesen chemischen Veränderungen, bei denen nach den bisher vorliegenden Untersuchungen Bakterien nicht beteiligt zu sein scheinen, geht auch eine Veränderung der physikalischen Beschaffenheit Hand in Hand. Während sich in den jüngsten und jüngeren Torfschichten selbst noch mit freiem Auge die Pflanzen, aus denen sie entstanden, leicht und deutlich erkennen lassen, nimmt die Masse mit zunehmendem Alter und zunehmender Tiefe ein immer gleichmäßigeres Gefüge an. Endlich ist die Torfmasse ganz homogen geworden, und man kann nur mehr mit Hilfe des Mikroskops und nach Anwendung besonderer Kunstgriffe einzelne wenige Pflanzenüberreste erkennen und bestimmen. Selbstverständlich wirkt auf diese Veränderung auch der Druck, dem die tieferen Torfschichten ausgesetzt sind, entsprechend mit ein. Diese Verhältnisse lassen sich in jedem geöffneten Torflager unschwer verfolgen; mit Hilfe der chemischen Analyse liefert man den Nachweis, daß die aus größerer Tiefe stammenden, also älteren Torfschichten tatsächlich kohlenstoff- und wasserstoffreicher, dagegen sauerstoffärmer sind, als die darüber gelagerten und jüngeren.

Seiner Zusammensetzung nach unterscheidet sich Torf vom Holz durch einen größeren Gehalt an Kohlenstoff und Wasserstoff, während er gleichzeitig ärmer an Sauerstoff ist als dieses. Während bei den verschiedenen Holzarten immerhin eine gewisse Gleichmäßigkeit der Zusammensetzung zu erkennen ist, trifft dies bei dem Torf nicht mehr zu. Es ergeben sich oft sehr beträchtliche Unterschiede, so daß von einer mittleren Zusammensetzung des Torfes kaum gesprochen werden kann. Annähernd ergibt der Torf folgende chemische Analyse:

$$
\begin{array}{ll}
\text{Kohlenstoff} & 60 \quad \% \\
\text{Wasserstoff} & 6{,}5 \quad \% \\
\text{Sauerstoff} & 32{,}45 \,\% \\
\text{Stickstoff} & 1{,}50 \,\% \\
\hline
& 100 \quad \% \\
\end{array}
$$

Man unterscheidet Niederungs- und Hochmoore. Mit der absoluten Höhenlage hat diese Bezeichnung nichts zu tun, da sie nur ein Begriff für zwei voneinander ganz verschiedene Typen von Torfmooren ist, die sich unter verschiedenen Verhältnissen und auch aus verschiedenen Pflanzen bilden.

Niederungsmoore.

An feuchten Stellen, beispielsweise in Talniederungen und. an Flußläufen, also an Stellen, die entweder dauernd naß sind, oder doch periodisch vom Wasser überflutet werden, siedeln sich zahlreiche, verhältnismäßig anspruchslose Pflanzen an, sofern das Wasser einen gewissen Reichtum an Pflanzennährstoffen besitzt und der Boden kalkhaltig ist. Man findet hier das Schilfrohr, Binsen und Laubmoose, denen sich noch verschiedene andere Pflanzen, die jedoch nicht in solchem Maße auftreten, wie die genannten, beigesellen. Die abgestorbenen Pflanzen fallen nun der Vertorfung anheim, und an der betreffenden Stelle baut sich nach und nach ein Torflager auf, das je nach der Pflanzengattung, die vorherrschend war, eine besondere Beschaffenheit besitzt. So liefern die Laubmoose einen in den jüngeren Schichten leichten, lockeren Torf; Carex-Arten einen mehr dichten, während Massenvegetationen von Schilfrohr zu einer spezifisch lichtgelben und ungemein leichten Torfbildung führen, in der die Überreste des Schilfes deutlich zu erkennen sind, und die in Deutschland als Dargmoor bezeichnet wird.

Die Oberfläche dieser Torflager gleicht häufig üppig grünen Wiesen. Man pflegte sie daher auch Wiesen- oder Grünpflanzmoore zu nennen. Eine andere sehr passende Bezeichnung ist Flachmoor, weil die Oberfläche dieser Moore meist eben ist, oder Unterwassermoore, weil ihr Zustandekommen das Vorhandensein einer reichlichen Wassermenge voraussetzt.

Hochmoore.

Die den Hochmooren eigentümlichen Torfmoose besitzen die Eigenschaft, an feuchten Stellen das Wasser zu heben und festzuhalten. Die Hochmoore bauen sich dort auf, wo der Untergrund arm an Pflanzennährstoffen, hauptsächlich arm an Kalk ist. An solchen Stellen siedeln sich Pflanzen an, die noch weit anspruchsloser sind als jene der Flachmoorflora, wie das scheidige Wollgras.

Die Bezeichnung Hochmoor ist darauf zurückzuführen, daß diese Moore meist in der Mitte höher sind als an den Rändern. Auch hier lassen sich je nach dem vorwiegenden Pflanzenbestande und dem Zersetzungsgrade verschiedene Torfarten unterscheiden. So sind die oberen und jüngeren Schichten der Hochmoore häufig von dem ungemein lockeren schwammartigen und leichten Moostorf gebildet, der oft mit den langen braunen Strähnen des Wollgrases durchsetzt ist. Dieser Moostorf ist weniger zu Brennzwecken, als vielmehr zur Herstellung der sogenannten Torfstreu geeignet. Herrscht das Wollgras vor, so wird ein solcher Torf Fasertorf genannt. Man hat seinerzeit, allerdings mit geringem Erfolge, versucht, die Wollgrasfasern zur Anfertigung von Geweben zu verwenden. Die tieferen Schichten nehmen eine dunklere Färbung an, die Pflanzenstruktur tritt immer mehr zurück, und endlich gelangt man zu den ältesten schwarzbraunen, speckigen Torfmassen, die einen guten Brennstoff liefern, und S p e c k t o r f o d e r P a c k t o r f genannt werden.

Die Torfmoore bedecken ausgedehnte Flächen in Deutschland, Rußland, Schweden, Norwegen, Irland, Holland, Ungarn, den Vereinigten Staaten usw. Bei einer durchschnittlichen Stärke von drei Metern können aus einem Hektar eines Torfmoores 30 000 Kubikmeter Rohtorf oder zirka 4 bis 6000 Tonnen Trockentorf gewonnen werden. Nimmt man an, daß zur Krafterzeugung von 4 Millionen PS. 1600 ha erforderlich sind, und berücksichtigt man, daß in Preußen über 20 000 qkm Moor vorhanden sind, dann können die Moore in Preußen noch über 1200 Jahre den gleichen Kraftbedarf decken.

Nebenprodukte der Torfdestillation.

Praktische Erfolge der Torffeuerung.

Dieser heute schon so kostbare Brennstoff wird nicht nur in getrocknetem und verarbeitetem Zustande als Heizmaterial verwendet, sondern es werden aus ihm auch einige sehr wertvolle chemische Produkte gewonnen, wobei natürlich die Qualität des Torfes eine wesentliche Rolle spielt. So geben die stickstofffreien wurzelreichen Torfe durchschnittlich mehr saure Produkte, also Holzessigsäure, während die schweren Wiesenmoortorfe, die sehr viele stickstofffreie Produkte enthalten, bei der trockenen Destillation mehr ammoniakreiche Produkte enthalten. Die letzteren verfügen auch über organische Basen, wie Anilin, Toluidin, Pyridin, Picolin, Coridin, Rubidin und Viridin. Die wurzelreichen Torfe haben auch einen höheren Gehalt an Essigsäure und Methylalkohol oder Holzgeist. Je nach der verschiedenen Qualität der einzelnen Torfgattungen erhält man 34,6 bis 36,0% Torfessig oder Ammoniakwasser. Andere Nebenprodukte, die bei der Weiterverarbeitung des Torfes gewonnen werden, sind der torfessigsaure Kalk, ferner Torfammoniak und dessen Rückstand: Schwefelsaures Ammonium. Der Torfteer kann außerdem zur Gewinnung des rohen, leichten und schweren Torfpetroleums sowie des Asphaltes herangezogen werden. Die Reinigung des rohen Torfparaffins ermöglicht bei dem heutigen Stande der Technik auch schon die Gewinnung der Schmieröle, ebenso ist man bereits in der Lage, aus Torf Torfparaffinkerzen zu erzeugen. Torf ist ferner Rohstoff für das rohe Torfkreosotöl, das ebenso wie das andere Kreosot als Desinfektionsmittel Verwendung findet.

Unter den chemischen Nebenprodukten, die bei der Torffabrikation gewonnen werden, ist auch noch besonders das Torfgas zu erwähnen. Die Torfgaserzeugung steht heute noch vereinzelt da, so daß noch nicht viele Erfahrungen gesammelt werden konnten. Zur Torfgaserzeugung verwendet man einen guten dichten Maschinentorf, oder einen kondensierten Torf, die beide gutes Leuchtgas liefern.

Die größte Bedeutung hat der Torf als Brennmaterial, also vom Standpunkte der vorliegenden Arbeit aus als Kohlenersatz.

Solange die zwingende Notwendigkeit nicht vorhanden war, lohnte es sich nicht, über Mittel und Wege nachzudenken, den Torf für einen längeren Transport geeignet zu machen. Der gewöhnliche Stichtorf konnte auf weite Entfernungen nicht verschickt werden, da er zu stark zerbröckelte, andererseits gegenüber dem schwereren Brennmaterial wie Kohle einen zu großen Umfang einnahm und zu große Transportkosten verursachte. Unter dem Druck der Verhältnisse mußte auch hier Wandel geschaffen werden, und die heute erzeugten verdichteten Torfe, kondensierten Maschinen- und Preßtorfe haben bereits einen bedeutend kleineren Umfang und können dementsprechend auch leichter von einem Ort zum andern verschickt werden. Zahlreiche Eisenbahnen, Gasanstalten,

Eisenwerke, Glasfabriken, besonders in Deutschland, benützen heute
zum großen Teile Torffeuerung. Während früher der Mangel an geeigneten Öfen gegen die Torffeuerung sprach, werden heute durch
die Maschinenindustrie brauchbare entsprechende Feuerungsanlagen geliefert.

So verwenden die bayerischen Eisenbahnen für ihre Lokomotiven Torf bereits in umfassender Weise als Heizmaterial. Die ersten
Versuche hatte man seinerzeit auf der Strecke von Oberhausen
nach Nordheim gemacht, und da diese Versuche einen guten Erfolg
hatten, begann man, den Torf in größerem Maßstabe heranzuzie-
hen; so wurden anläßlich der Probefahrten, in den Lokomotiven
175 000 cbm Torf verbrannt, und zwar ohne Änderung in den für
Holzfeuerung bestimmten Maschinen. Die seinerzeit aufgenomme-
nen Versuche sollen jetzt in größerem Maßstabe fortgesetzt werden,
und man will durch Eröffnung größerer Torfbetriebe auf den bayerischen Staatsbahnen die Torfheizung allgemein einführen. Von den
bayerischen Moorflächen kommen für die Staatsbahnen folgende größere Torfbetriebe in Betracht: Deggernmoor, Werthensteiner Moor
(bei Kempten), Haspelmoor zwischen München und Augsburg, die
Moorflächen zwischen Augsburg und Donauwörth, ferner die Moor-
felder bei Kaufbeuren und Kempten, Aibling und Karolinenfeld.

Die Industrie gebraucht heute auch bereits die Torffeuerung, doch
ist die Anwendung noch beschränkt. Bisher sind es besonders die
Glashütten und die eisenindustriellen Betriebe, die die Torffeuerung eingeführt haben. Gegenwärtig werden in zahlreichen chemischen Laboratorien Deutschlands ununterbrochen Versuche zur Ver-
besserung der Torfheizung gemacht. In den Glashütten richtet sich
der Torfverbrauch ganz nach der Einrichtung der Gasöfen und nach
dem Zweige der Produktion. So wurde auf der Benedikthütte in
Bührmoos, die nur Tafelglas herstellt, zum Betriebe kleinerer Ar-
beitsmaschinen für je 100 kg Tafelglas 3,6 Kubikmeter Torf zu
200 kg, also insgesamt 720 kg verbraucht. In der Glasfabrik bei
Kolbermoor, in der nur Flaschen hergestellt wurden, benötigte man
per 1000 Flaschen einschließlich Kühlung 12 Kubikmeter Torf; dieser hat vor dem Kriege 1,40 Mark pro Kubikmeter gekostet. Das
Brennmaterial für die 1000 Flaschen kostete also insgesamt 16,80
Mark, während sich der Preis von Kohle für dieselbe Arbeitsleistung auf 35 bis 40 Mark gestellt hätte, trotzdem damals der
Zentner Braunkohle nur 75 Pfennige kostete. Unter den eisenindustriellen Betrieben wird die Torfheizung in nachstehenden Fabriken
mit Erfolg angewendet: auf dem Josefstaler Eisenwerke bei Chem-
nitz wird in zwei Schweißöfen mit regenerativer Gasfeuerung nur

Torf benützt. Die Rotburgahütte bei Klagenfurt, die zur Ausnützung des Freudenberger Moores erbaut wurde, arbeitete fast ausschließlich mit Torf und verbrauchte zur Erzeugung von 100 kg Eisen 165 kg Torf. Das Eisenhüttenwerk in Rottenmann verwendete Stichtorf aus dem Wörschach- und Gampestorfe zum Betriebe von Puddel-, Schweiß-, Blechflammen- oder Gasöfen. Die Unterberger Eisenraffinerie bei Salzburg verbrauchte unter Anwendung von Vergasungsöfen mit Pultrost und Unterwindgebläse Torf mit böhmischen Steinkohlen zum Schweißofenbetriebe. Das Eisenwerk Buchscheiden in Kärnten arbeitete eine Zeitlang ebenfalls mit Darrtorf; diese Feuerungsmethode wurde nur infolge Überganges zu anderen Produktionszweigen aufgegeben. Beim Hochofenbetrieb gelangt der Torf als geringer Zusatz zur Holzkohle und Koks, mit entschiedenem Vorteile aber als Torfkohle zur Verwendung. Ferner wird der kondensierte Torf bei Hochofenprozessen, namentlich in Irland, verwendet, und die Ergebnisse sollen so günstig sein, daß die Festigkeit des mit Torfheizung erzeugten Eisens größer ist, als des gewöhnlichen mit Kohle erzeugten Eisens.

VII. Flüssige Kohlenersatzstoffe.

Auch die flüssigen Ersatzstoffe enthalten Kohlenstoff, Wasserstoff und Sauerstoff; in manchen wird außerdem Stickstoff und Schwefel nachgewiesen. Sie enthalten keine unverbrennbaren Bestandteile, es bleibt mithin keine Asche zurück. Außerdem besitzen sie die Fähigkeit, schon bei verhältnismäßig niedriger Temperatur Dämpfe zu entwickeln, und dann können aus ihnen mit Leichtigkeit wertvolle Nebenprodukte gewonnen werden. Im allgemeinen sind die flüssigen Heizstoffe ein sehr brauchbares und heizkräftiges Brennmaterial.

Erdöl.

Das Erdöl kommt in einigen Ländern in großen Mengen vor, so namentlich in Pennsylvanien, in Galizien und Rumänien und am Kaspischen Meere. Die Flüssigkeit ist ölig und zeigt von hellbraun bis schwarzgrün alle möglichen Farben. Die chemische Analyse zeigt eine Verbindung von Kohlenstoff und Wasserstoff, zu denen je nach der Qualität noch sauerstoff-, stickstoff- und schwefelhaltige Verbindungen treten.

Das Erdöl wird in rohem Zustande selten verwendet, sondern erst entsprechend bearbeitet, beziehungsweise destilliert. Nach Beendigung des Destillationsprozesses bleibt in der Retorte noch ein hochsiedender Rückstand zurück, der aber bei dem heutigen Stande der Technik ebenfalls nicht verloren geht, sondern durch weitere Destillation in das wertvolle **Schmieröl oder Paraffinöl** zerlegt werden kann. Die Destillation ermöglicht es, das Rohöl in eine Anzahl Fraktionen zu zerlegen, von denen die nächstfolgende nicht nur bei höherer Temperatur siedet als die vorhergehende, sondern auch ein höheres spezifisches Gewicht besitzt. Die Abgrenzung der einzelnen Fraktionen kann willkürlich vorgenommen werden, doch hat sich bereits eine Praxis herausgebildet, um Nebenprodukte zu gewinnen, die gewisse Eigenschaften besitzen. Im allgemeinen werden folgende Produkte gewonnen:

I. Leichtflüchtige Öle.

	Siedepunkt Grad Celsius	spezifisches Gewicht
a) Petrol-Äther	40— 70	0,65 —0,66
b) Gasolin	70— 80	0,64 —0,667
c) Petroleum-Benzin	80—105	0,667—0,707
d) Ligroin	80—120	0,707—0,722
e) Putzöl	120—150	0,722—0,737

II. Leuchtöl (Petroleum und Kerosin).

	Siedepunkt Grad Celsius	spezifisches Gewicht
a) Leuchtöl 1	150—200	0,753—0,864
b) Leuchtöl 2	200—250	desgl.
c) Leuchtöl 3	250—300	desgl.

III. Rückstände daraus.

Schwere Öle und zwar:	Siedepunkt Grad Celsius	spezifisches Gewicht
a) Schmieröl	über 300	über 0,83
b) Paraffinöl	"	0,7446 —0,8588
c) Coaks	"	0,85888—0,959.

Die einzelnen mit Hilfe der Destillation gewonnenen Produkte werden je nach den ihnen innewohnenden Eigenschaften verschieden verwendet. So benützt man die leichtflüchtigen Öle hauptsächlich zur Herstellung von Lösungen, da sie die Eigenschaften besitzen, Fette und Öle, Harze und zahlreiche andere Körper zu lösen. Namentlich das Petroleumbenzin löst Fett sehr leicht auf, so daß dieses Produkt zur Reinigung von Stoffen verwendet wird. Die anderen leichtflüchtigen Öle, wie Gasolin und Ligroin, hauptsächlich aber Petroleumbenzin, werden als Leuchtstoffe verwendet; sie verbrennen infolge ihres Reichtums an Kohlenstoffen mit einer hellleuchtenden Flamme, da sie aber einen sehr niedrigen Siede- und Entflammungspunkt haben, sind sie außerordentlich feuergefährlich. Außerdem werden sie zur sogenannten Karburierung der nicht leuchtenden Gase verwendet; ein chemischer Vorgang, bei dem die Flamme leuchtend gemacht wird.

Naphta.

Naphta, von den Russen Astatki genannt, bekommt heute in den petroleumreichen Gebieten als Kohlenersatz eine immer größere Bedeutung. Chemisch ist Naphta eine, bei der Destillation des Petroleums bei 80 bis 150 Grad Celsius entweichende, leicht entzündliche Flüssigkeit.

Die Vorteile der Naphtaheizung sind sowohl in technischer als wirtschaftlicher Hinsicht bedeutend. Über die Naphtaheizung auf Schiffen hat Dipl.-Ingenieur Renner in seiner kleinen Flugschrift: „Naphtaheizung auf Dampfmaschinen, im speziellen bei der Kanal- und Flußschiffahrt", geschrieben.

Technische Vorteile.

Die Feuerung ist automatisch und ohne Verstäubungsverlust. Das Astatki verbrennt rauchlos, daher keine Belästigung durch Rauch. Es wird eine vorzügliche Ausnützung des Brennmaterials erzielt, das in bestverteilter feinster Form verwendet wird. Innige Mischung mit der Luft; Erhaltung einer gleichmäßigen Temperatur in der Feuerung; die Speisung mit Wasser ist regelmäßig. Astatki hinterläßt keinen festen Bestandteil; die Heizrohre werden also nicht durch Asche verlegt, sondern sie bleiben rein. Die Heizfläche der Feuerrohre wird vergrößert, da der Rost wegfällt. Die Flamme des Zerstäubers beleckt das ganze Feuerrohr und heizt auch die untere, früher unter dem Rost liegende Seite; es wird mithin eine bessere Wasserzirkulation erreicht. Durch entsprechende Form des Zerstäubers kann man der Flamme jede gewünschte Form geben; dieselbe kann lang, hohl, gestreut, auch in mehrere Flammen geteilt sein, wodurch die Wände des Feuerrohrs besser bestrichen werden können. Infolgedessen können die Kessel um 20% kleiner gehalten werden. Für die Beschickung der Feuer brauchen die Türen nicht geöffnet werden, die Feuerrohre werden durch kalte Luft nicht abgekühlt. Bei Astatkifeuerung ist der Gang der Maschine ziemlich gleichmäßig. Es ist nicht notwendig, bei verringertem Dampfverbrauch die Feuer zusammenziehen und brennende Kohlen zu entfernen, sondern es genügt ein Handgriff, um den Apparat auf halbe Kraft zu stellen. Die Astatkibunker benötigen nur den halben Raum der Kohlenbunker und können noch als wasserdichte Schutzwand dienen. Sie können an Stellen des Schiffes untergebracht werden, wo die Kohlenbunker nicht eingebaut werden könnten, und dadurch wird viel Raum gewonnen. Ferner ist Astatki nicht schwefelhaltig wie die Kohle. Rosteinrichtungen entfallen gänzlich. Der

Heizraum kann kleiner sein; die Anzahl der Heizer kann bei Tag-
und Nachtbetrieb auf zwei Mann reduziert werden, sonst genügt ein
Heizer; auch für drei Kessel bei Tagesbetrieb kann der Maschinen-
wärter den Kessel mit beaufsichtigen. Durch das konstante Dampfhalten bleibt die Leistung der Maschine gleichmäßig; es wird also
mit gleicher Geschwindigkeit gefahren, und daher sind auch die
Manöver leichter ausführbar. Es ist nicht mehr nötig, zur Bedienung des Kessels Feuerleute besonders heranzubilden, da die Beschickung des Feuers, das Dampfhalten und die Kohlenersparnis
nicht mehr von der erst mit Jahren zu erlernenden großen Ge-
schicklichkeit dieser Leute abhängt, wie es jetzt noch der Fall ist,
sondern es können gewöhnliche Arbeiter zur Bedienung des Kessels
genommen werden. Die Reederei wird unabhängiger und hat weniger Personalbewegung. Der Maschinist stellt den Apparat in entsprechende Tätigkeit, in der dieser so lange bleibt, als es der Maschinist will. Das Feuer- und Rohrputzen entfällt, mithin entsteht
kein Aufenthalt und Zeitverlust; Wasser kommt nicht in den Zeit-
raum und in den Schiffsboden. Ein weiterer Vorteil besteht darin,
daß man mit einer Quantität Astatki von gleichem Gewicht wie
Kohle die doppelte Zeit Dampf halten kann, d. h., man kann mit
der Hälfte des Gewichtes für die betreffende Fahrt auskommen.
Auch die Einnahme des Astatki in das Schiff bietet einen Vorteil
für den Betrieb gegenüber der Kohle, da das Astatki innerhalb kurzer Zeit durch eine entsprechende Rohrleitung eingenommen werden kann. Dasselbe fließt selbsttätig in die Astatkipumpe und verursacht keinen Staub. Das zu zerstäubende Astatki fließt selbsttätig dem Verstäuber zu, und die sogenannten Kohlentrimmer entfallen gänzlich. Auch ist die so lästige Asche nicht mehr aus dem
Heizraum zu entfernen und beschwert auch nicht mehr die Schiffe.
Das Reinigen des Schiffes nach dem Kohlennehmen fällt ganz fort,
was besonders für die Passagierdampfer ein großer Vorteil ist.
Weiter wird die Lebensdauer der Kessel bedeutend verlängert, und
dadurch entfallen die zumeist so umständlichen und zeitraubenden
Kesselreparaturen. Die Maschine wird nicht mehr bestäubt und
dadurch abgenutzt, überhaupt wird der Heizer- und Maschinisten-
dienst mit der größten Reinlichkeit ausgeführt. Die Anheizung der
Kessel erfolgt schneller. Die Bedienung des Heizraumes und der
Kessel ist im allgemeinen eine einfachere. Bei Gefahr kann das
Feuer sofort abgestellt und die Dampfentwicklung gehindert
werden.

Die wirtschaftlichen Vorteile.

Der erzeugte Dampf ist billiger als bei Kohlenfeuerung, die Löhne für die Heizer werden verringert, die Betriebsstörungen werden seltener und die Reparaturen der Kessel auf ein Minimum beschränkt. Weiter kann beim Einkauf das Astatki auf seinen Brennwert genau geprüft werden; durch einen Meßapparat wird das spezifische Gewicht angezeigt. Das Astatki kann nicht behufs Gewichtsvermehrung angefeuchtet werden und verliert nicht an Gewicht. Eine Übervorteilung wie bei den Kohlen ist also ausgeschlossen. Am Lande ist das Astatki viel leichter zu lagern und bedarf nur einer geringen Überwachung. Außerdem ist die Kontrolle über die Betriebsführung, d. h. die Beheizung des Kessels, eine sichere, so daß der Kaufmann (wenigstens bis vor dem Kriege bei gleichbleibenden Preisen) mit ganz bestimmten und sich gleichbleibenden Ausgaben rechnen konnte. Das Astatki wird durch Lagerung nicht schlechter, oxydiert nicht und verliert nicht an Heizwert. Die Feuergefährlichkeit ist vermindert. Es kommen keine Kohlenbrände vor, ebensowenig wie Explosionen gashaltiger Kohle; infolgedessen wird auch bei Einführung dieser Feuerung der Versicherungsbeitrag geringer sein. Besondere Vorteile würde die Astatkifeuerung jedoch bei den Dampfschiffen bringen, die sich bereits im Betriebe befinden. Der Tiefgang wird verringert und die Tragfähigkeit der Schiffe bedeutend erhöht; hauptsächlich aber bei zu kleinen Kesseln die volle erforderliche Dampfentwicklung erreicht.

Da das Petroleum und seine Rückstände, das Naphta oder Astatki, namentlich in der Gegend des Kaspischen Meeres und bei Baku gewonnen wird, nahmen als erste die auf der Wolga verkehrenden Dampfer Astatkifeuerung in Gebrauch. Die ersten Versuche wurden in den achtziger Jahren des vorigen Jahrhunderts gemacht; unter den mit Astatki gefeuerten Schiffen befanden sich im Jahre 1886 46 und im Jahre 1899 118 Passagierdampfer, was bei dem damals noch sehr schwachen Verkehr auf der Wolga einen namhaften Prozentsatz aller auf der Wolga verkehrenden Schiffe darstellte. Den russischen Dampfschiffen folgten ebenfalls mit großem Erfolge die russischen Eisenbahnen, die auf einzelnen Linien, ebenfalls schon in den achtziger Jahren, Astatki als ausschließliche Feuerung einführten. Im Jahre 1890 waren es bereits 17 große Eisenbahnlinien, deren Lokomotiven nur mit Petroleumrückständen geheizt wurden. In neuerer Zeit findet die Naphtaheizung auch bei der Kriegsmarine große Anwendung, und soweit bekannt, sind es namentlich englische und amerikanische Schiffe, die ebenfalls mit großem Erfolge Naphta verwenden. Insbesondere soll die englische Marine während des Krieges in dieser Beziehung große Fortschritte gemacht haben.

Der Einführung der Astatkifeuerung hat sich auch die Gesellschaft für Schiffsklassifikation „Lloyd-Register" in London angeschlossen, und zwar gab dieselbe eine Vorschrift heraus, daß dieser Brennstoff mit einem Entflammungspunkt von 84 Grad Celsius gehandhabt und verkauft werden soll.

Die Hauptquellen für Naphta liegen in Amerika, Rußland und Rumänien. Für den Transport kommen folgende Wege in Betracht: Von Amerika nach Rotterdam oder Hamburg; hier beginnt der Binnenwassertransport: Rotterdam nach Mannheim, oder nach Erbauung des Mittellandkanals von Rotterdam über Hannover—Dortmund nach Magdeburg, oder vom Rhein über den Main nach Regensburg, oder für die Elbe von Hamburg über Magdeburg nach Dresden. Die aus Rußland zum Abtransport gelangenden Astatkimengen hätten folgenden Weg einzuschlagen: Baku—Sulina, dann donauaufwärts Belgrad—Budapest—Wien—Passau, oder durch den zu erbauenden Donau-Elbekanal nach Aussig—Bodenbach, oder über den zu erbauenden Donau-Oderkanal nach Oderberg. Eine nordöstliche Zweiglinie führt von der Wolga durch den Marienkanal nach St. Petersburg und von da eventuell in die Ostsee. Nach Vollendung des Wolga-Donkanals kann die Hauptlinie auch in das Schwarze Meer geführt werden, um auch auf den Seeschiffen des Mittelländischen Meeres verwendet zu werden.

Petroleum.

Das Petroleum ist ein gereinigtes Rohöl, aus dem die leichtflüchtigen Verbindungen entfernt wurden, um den Entflammungs- und Entzündungspunkt höher hinaufzusetzen. Petroleum wird nicht nur zu Leuchtzwecken verwendet, sondern schon seit langer Zeit als Kohlenersatz herangezogen. Die Öfen und Herde, in denen das Petroleum aber bisher verbrannt wurde, konnten noch nicht in entsprechender Weise konstruiert werden, so daß die auch heute noch im Gebrauch stehenden Petroleumöfen gewöhnlich einen unangenehmen Petroleumgeruch verbreiten. Die mangelhafte Konstruktion der Petroleumöfen war eine der Ursachen, weshalb dieser Heizstoff im größeren Maßstabe bis heute noch nicht herangezogen wurde.

Die Weltproduktion an Petroleum gibt A. Schwemann für 1909 zu 41 Millionen Tonnen an, aus denen 11,4 Millionen Jahrespferdestärken gewonnen werden könnten. Für den Kraftverbrauch kommt aber heute nur ein kleiner Teil in Betracht, 55% werden verbraucht als Leuchtöl in Form von Petroleum und Benzin, 15% als Schmieröl und nur 30% als Kraftöl in Form von Gasolin, Benzin und Benzol für Explosionsmotore und in Form von Rohöl und Rückständen als Brennstoff für Dampfkessel. Nur 3,5 Millionen Pferdestärken werden heute für industrielle Zwecke ausgenutzt. Petroleumquellen kommen in großen Mengen vor, und zwar in den Vereinigten Staaten, Rußland, Galizien und Rumänien. In den Vereinigten Staaten sind die Hauptpetroleumquellen in Pennsylvanien, Neuyork, Ohio, Westvirginia, Indiana und Kalifornien. In Rußland bildet Baku den Mittelpunkt der Petroleumindustrie. Eine große Zukunft hat die Naphtainsel Tscheleken bei Krasnowodsk und das Kubangebiet nordöstlich vom Schwarzen Meer. Sibirien und Sachalin gewinnen immer größere Bedeutung für den Petroleummarkt. Britisch- und Niederländisch-Indien haben schon heute eine namhafte Petroleumindustrie aufzuweisen. Ohne Bedeutung waren bisher die Erdölquellen in Kanada und in Afrika (Madagaskar, Kamerun, Südwestafrika), trotzdem hier große Petroleumfelder liegen. Die erste Rolle auf dem Petroleummarkte werden in Zukunft wahrscheinlich Mexiko und Peru, Persien, Syrien und Mesopotamien spielen, die ungeheure Petroleumvorräte zu bergen scheinen.

In der Natur der Ölvorkommen liegt es, daß die vorhandenen Vorräte sich nicht einmal schätzungsweise feststellen lassen. Die Nachfrage nach Erdöl wird in Zukunft zweifellos bedeutend steigen, da der Verbrauch an Rohöl und Petroleumrückständen, zur Heizung von Dampfkesseln und zum Betrieb von Ölmotoren, besonders im Transportwesen, infolge der großen Vorteile wesentlich wachsen wird.

Deutschland besitzt nur einige Petroleumquellen. Die Beteiligung an der Weltproduktion beträgt noch nicht einmal $^1/_2$ %, deshalb wird das Erdöl als Betriebskraft hier immer teurer zu stehen kommen, als in den Ländern mit reichlicher Petroleumgewinnung. Insbesondere für die Dieselmotoren können der Steinkohlenteer und die hieraus gewinnbaren Öle reichlich Ersatz bieten.

In den Gegenden, wo das Erdöl gleich am Fundorte verarbeitet wird und in großen Mengen vorhanden ist, wird es als H e i z - m a t e r i a l verwendet, namentlich geschieht dies in der Gegend von Baku.

Wo die Destillationstechnik weiter vorgeschritten ist, werden die Rückstände nicht ohne weiteres verfeuert, sondern nochmals einer Destillation unterworfen, um die außerordentlich wertvollen M i - n e r a l s c h m i e r ö l e zu gewinnen. Auch nach dieser Destillation bleibt in den Kesseln ein Rückstand zurück, der heute ebenfalls nicht verloren geht. Man verwendet ihn als Bindemittel bei der Herstellung von Steinkohlenbriketts, ferner wird mit seiner Hilfe die im Handel unter dem Namen Eisenlack bekannte Ware erzeugt.

Die aufgeführten flüssigen Heizstoffe, aber auch die hier nicht erwähnten vegetabilischen und tierischen Fette, können im allgemeinen als Kohlenersatzstoffe zur Heizung verwendet werden, man muß aber besonders konstruierte Feuerungsanlagen verwenden.

Alkohol.

Unter den flüssigen Heizstoffen nimmt der Alkohol, auch Weingeist oder Spiritus genannt, eine besondere Stellung ein. Alkohol wird künstlich erzeugt, und zwar aus Stoffen, die immer wieder und leicht gewonnen werden können. Der Alkohol ist das Produkt der künstlich hervorgerufenen alkoholischen oder geistigen Gärung. Er entsteht nicht nur bei der geistigen Gärung solcher Flüssigkeiten, die Zucker fertig gebildet enthalten, wie im Saft der Traube, sondern es ist auch auf künstlichem Wege möglich, durch besondere und namentlich in der Spiritusbrennerei angewendete Methoden, Stärke in Zucker umzuwandeln und diesen dann zu vergären. Diese künstliche Erzeugung des Gärungsprozesses bietet die Möglichkeit, aus allen stärkehaltigen Rohstoffen, wie aus den Getreidearten oder aus den Kartoffeln, Alkohol zu erzeugen. Er wird heute besonders zum Antriebe von Motoren verwendet. Der Alkohol eignet sich als Kohlenersatz, da er chemisch dieselben Bestandteile enthält, wie die hochwertige Kohle, nämlich Kohlenstoff, Wasserstoff und Sauerstoff. Der Wasserstoff, der beim Alkohol in einem ziemlich hohen Prozentsatz vorkommt, setzt zwar den Heizeffekt herab, da zuerst das Wasser verdampft werden muß, wozu Wärme verbraucht wird. Durch entsprechende Methoden gelingt es aber, auch den Wasserstoffgehalt des reinen Alkohols oder Methylalkohols auf ein Mindestmaß herabzusetzen.

Die Verwendung des Alkohols als Kohlenersatz, besonders als Triebmittel für kleine Motore, beruht darauf, daß sich eine bestimmte Verbindung von Alkoholdampf und Luft sehr leicht entzündet und explosionsartig verbrennt. Durch die bei der Verbrennung freiwerdende ansehnliche Wärmemenge werden dann die dem Alkoholdampfe beigemengte Luft und die Verbrennungsprodukte sehr stark ausgedehnt. Auf dieser Ausdehnung beruht nun die Kraftäußerung, so daß heute Alkohol in zahlreichen Fällen andere Heizstoffe verdrängt hat, namentlich Benzin, das ebenfalls in ausgedehnter Weise zum Antrieb von Motoren verwendet wurde.

VIII. Die gasförmigen Heizstoffe.

Die gasförmigen Heizstoffe haben eine größere Bedeutung als die flüssigen Brennstoffe. Sie bieten nämlich den großen Vorteil, daß man die Luftzufuhr am genauesten regeln und den jeweiligen Verhältnissen in der zweckentsprechendsten Weise anpassen kann. Da man bei der Verwendung von Gasen als Heizstoff den Luftzutritt nicht nur sehr genau bemessen, sondern auch für eine gründliche Mischung der Luft mit den brennbaren Gasen Sorge tragen kann, so wird bei der Gasfeuerung eine vollständige Verbrennung erzielt, wodurch außerordentlich hohe Temperaturen erreicht werden. Die Feuerung mit gasförmigen Heizstoffen bietet außerdem den Vorteil, daß man mit ihrer Hilfe an die Verwertung minderwertiger Heizstoffe schreiten kann, die sonst nicht oder nur sehr unwirtschaftlich verwendet werden könnten. So kann man heute den früher nicht beachteten Kohlenstaub verwerten. Wollte man diese bei der Kohlenförderung mitgeförderten Abfälle direkt verbrennen, so müßte man eigene Rosteinrichtungen errichten, wobei immer aber noch mit einem großen Verlust des Rohstoffes zu rechnen wäre, der unverbrannt durch die Roststäbe fällt. Heute vergast man diese Abfälle in geeigneten Vorrichtungen, und das auf diese Weise gewonnene Heizgas kann dann als hochwertiger Heizstoff verwendet werden.

Natürliche Gase.

Natürliche Gasvorkommen gibt es besonders in jenen Gebieten, in denen auch das rohe Erdöl gefunden wird. Da das rohe Erdöl große Mengen brennbarer Gase enthält, die entweichen, sobald es an die Erdoberfläche gelangt, ist anzunehmen, daß neben den mit Erdöl gefüllten Hohlräumen im Innern der Erde auch solche Hohlräume verbunden sind, die Gase führen bezw. Hohlräume, die zum Teil mit dem flüssigen Erdöl und zum Teil mit Erdgas gefüllt sind. Wird nun ein Bohrloch abgeteuft, das die Erdölschichten nicht erreicht, sondern nur die über dem Erdöl lagernden gashaltigen Hohlräume, so wird an Stelle des Erdöles aus dem Schacht Erdgas gewonnen.

Das Erdgas.

Eine große Zukunft wird dem Erdgas vorausgesagt, das in außerordentlichen Mengen in Nordamerika vorkommt und dort auch entsprechend verwertet wird. Aber auch in Europa finden sich reiche Erdgasquellen, so in Galizien und in Siebenbürgen, auf ehemalig ungarischen, heute aber rumänischen Gebieten. Im nachfolgenden sollen die amerikanischen und siebenbürgischen Erdgasvorkommen eingehender betrachtet werden. In Siebenbürgen war infolge eines Vertrages zwischen der ungarischen Regierung und einem unter Führung der Deutschen Bank stehenden Finanzkonsortium auch deutsches Kapital interessiert.

Das Erdgas ist unter allen Brennmaterialien das idealste, da es nicht nur sehr rein ist, sondern auch einen hohen Brennwert besitzt, außerdem ist die bei der Verbrennung entstehende Temperatur gleichmäßig und ermöglicht einen vollständigen Verbrennungsprozeß. Beim Gebrauch des Erdgases wird die Benützung der Generatoren überflüssig, so daß viele Unzulänglichkeiten der Fabrikbetriebe ausgeschlossen sind; außerdem wird auch die Heizung außerordentlich vereinfacht, so daß ein Mann allein die Heizung von zwei bis drei Kesseln überwachen kann. Auch dieser Umstand trägt zu einer Verbilligung des Betriebes beim Gebrauch von Erdgas bei. Die erreichbaren Potenzgrade bei Dampfkesseleinrichtungen mit Erdgas sind sehr verschieden und hängen davon ab, welche Belastung die Kessel vertragen, sind aber unter allen Umständen günstiger, als bei anderen Brennstoffen. Der größte Vorteil der Erdgasfeuerung besteht darin, daß die Gasflamme vollständig rein und frei von Ruß und Staubatomen ist, so daß Erdgas namentlich als Brennstoff in der Glas- und Porzellanindustrie außerordentlich geeignet ist. Dieser Vorteil der Erdgasfeuerung wurde in Amerika bald erkannt, so daß heute bereits die meisten amerikanischen Glas- und Porzellanfabriken in ihren Betrieben Erdgas verwenden, das außerdem auch noch in den Ziegeleien und Zementfabriken stark gebraucht wird.

Eine andere Methode der Gasverwertung durch Verbrennen ist die Speisung der gastreibenden Motore mit Erdgas, und ist diese Methode viel günstiger als die Heizung der Dampfkessel. Während bei einer Dampfmaschine von mittlerer Leistungsfähigkeit zur Entwicklung einer Pferdekraftstunde ca. 0,8 Kubikmeter Erdgas notwendig sind, verbraucht ein einfacher Gasmotor zur Entwicklung einer Pferdekraftstunde nur 0,37 Kubikmeter Gas, also nicht einmal die Hälfte; bei den großen Gasmaschinen bester Konstruktion kann aber dieselbe Leistung schon mit 0,25 Kubikmeter Gas erzielt werden. Eine wirklich ökonomische Verwertung des Erdgases findet daher bei den Gasmotoren statt, wie es in Amerika seit den letzten Jahren geschieht. Auch die großen Gasverwertungsgesellschaften verwenden in den Komprimierungsstationen der Leitungen für die Zwecke der Komprimierung fast ausschließlich große Gasmaschinen.

Die jetzt erwähnten Methoden dienten dazu, das Gas nach voll-

ständiger Verbrennung für industrielle Zwecke zu verwerten; in
Amerika wird das Erdgas aber oft auch unvollständig verbrannt,
um Ruß zu gewinnen. Diese Art der Verwertung des Erdgases ist
in Amerika am meisten verbreitet, namentlich in Westvirginia, wo
nach einer Schätzung aus dem Jahre 1912 16 Rußfabriken zirka
700 000 000 Kubikmeter Erdgas verbraucht haben. Eine der größten
Rußfabriken befindet sich in Grantsville, über die nähere Produk-
tionsdaten vorliegen. Die Fabrik hat 113 große Brenner, die täg-
lich 3600 kg Lampenruß erzeugen; zu dieser Produktion wurden
rund 260 000 Kubikmeter Erdgas verbraucht, also pro Kilogramm
71 Kubikmeter. Es ist dies ein Beweis für die gute Konstruktion
der in Betrieb gestellten Maschinen, da die meisten amerikanischen
Rußfabriken zur Herstellung von einem Kilogramm Ruß im Durchschnitt 125—180 Kubikmeter Gas verbrauchen. Die Herstellung von
Ruß aus Erdgas ist aber eine große Gasverschwendung. Ein Kubikmeter Gas enthält 480 g Kohlenstoff, von dem bei den jetzigen
Methoden nur 3,3% in Form von Ruß gewonnen werden.

Außer den angeführten Verwertungsmethoden für Erdgas wird in
Amerika auch noch ein neues Verfahren angewendet, indem dieser
Brennstoff nicht verbrannt, sondern in komprimiertem Zustande
in industriellen Betrieben verwertet wird. Trotzdem erst einige Jahre
verstrichen sind, seitdem dieses Verfahren in der Praxis angewendet werden konnte, hat sich bereits eine auf hoher Stufe stehende
Industrie ausgebildet, und die mit Hilfe dieses neuen Verfahrens
hergestellten Produkte erfreuen sich großer Beliebtheit.

Ein Produkt, das aus dem Erdgas gewonnen wird, ist das G a s o -
l i n. Zur Erzeugung führte die Beobachtung, daß die in den Erdgasleitungen, namentlich im Winter infolge der Temperaturunter-
schiede entstandene Feuchtigkeit einen hohen Kohlenhydrogenge-
halt aufweist. Dieser Umstand legte den Gedanken der Ausschei-
dung des Erdgases nahe, und andererseits erleichterte er auch die
Konstruktion der künstlichen Kondensierung. Dieser Industriezweig
ist in Amerika bereits so entwickelt, daß einzelne Betriebe bis zu
100 000 Kubikmeter Erdgas pro Tag kondensieren und bis 575 Hek-
toliter Gasolin erzeugen. Diese Art der Erzeugung ist aber immerhin beschränkt, da sich hierzu nicht jedes Erdgas eignet; das beste
Gasolin wird aus den schweren Gasen erzeugt. In Amerika gilt
die allgemeine Regel, daß Gase, die mehr als 40% Methan enthalten, sich nicht zur Gasolinerzeugung eignen. Außerdem hängt auch
die Menge des erzeugten Gasolins von zahlreichen Nebenumstän-
den ab. So ist der Prozentsatz im Winter am höchsten, aber oft
ist auch das Produktionsergebnis von zwei nebeneinander liegen-

den Fabriken verschieden. So gibt es eine Fabrik, die aus 100 Kubikmeter Erdgas 20 Liter, eine ihr benachbarte Fabrik aber aus derselben Erdgasmenge fast das Neunfache, nämlich 174 Liter Gasolin erzeugen konnte. In Amerika wird eine besondere Statistik geführt, die über die Verwertung von Erdgas zur Gasolinerzeugung nähere Aufklärungen gibt. Aus dieser Statistik geht hervor, daß im Jahre 1911 70 Millionen Kubikmeter Erdgas zu Gasolin verarbeitet wurden, vier Jahre später aber, im Jahre 1915, bereits die zehnfache Menge, nämlich rund 700 Millionen Kubikmeter. Im Jahre 1911 beschäftigten sich 176 Fabriken mit der Gasolinproduktion, vier Jahre später bereits 414 Fabriken.

Aus dem Gasolin kann nach einem weiteren Kondensierungsverfahren Gasol gewonnen werden, ebenfalls ein sehr wertvolles Produkt. Zur Unterscheidung des Gasolins von dem Gasol wurde in Amerika der Satz aufgestellt, daß das komprimierte Gas, das bei einer Temperatur von 37 Grad Celsius eine Spannung besitzt, die kleiner ist als 0,7 Atmosphären, als Gasolin zu betrachten ist, das komprimierte Gas, das eine Spannkraft zwischen 0,7 und 1,7 Atmosphären hat, flüssiges Gas, und jenes Produkt, das eine stärkere Spannung als 1,7 Atmosphären hat, komprimiertes flüssiges Gas genannt wird.

Die bei der Erzeugung des Gasolins und des Gasols zurückbleibenden Gase können ebenfalls weiter verwertet werden, und zwar werden mit diesen Überresten in den meisten Gasolinfabriken die Motore getrieben, so daß das Erdgas vollständig ausgenützt werden kann, und nur in den allerseltensten Fällen bei primitiven Konstruktionen einzelne Teile in die Luft entweichen.

Außer den jetzt besprochenen Verwertungsmöglichkeiten gibt es in Amerika auch noch andere Methoden, die aber praktisch noch nicht endgültig erprobt sind, so daß die nachfolgende Darstellung mehr den Charakter einer Aufzählung trägt.

So wurden in den letzten Jahren zahlreiche Versuche unternommen, das Erdgas auch in der chemischen Industrie zu verwerten. Die Experimente haben sehr günstige Ergebnisse gezeitigt. Hierbei handelte es sich darum, aus dem Erdgas auf chemischem Wege Methylalkoholformaldehyd, Chlormethyl und Chloroform fabrikmäßig zu erzeugen.

Eine andere amerikanische Erfindung will nicht das Erdgas als solches, sondern nur den hohen Druck des Erdgases verwenden. In einzelnen Betrieben, die nahe den Erdgasbrunnen liegen, wird die mechanische Energie des Erdgases zum Treiben der Motore verwendet, wobei dem Erdgas die Möglichkeit geboten wird.

sich in den Zylindern der Maschinen auszubreiten. Diese Verwertung zeigt sich aber nur dann ökonomisch, wenn ein entsprechender Gasdruck zur Verfügung steht und nachträglich auch noch der kalorische Wert des Erdgases verwendet werden kann.

Endlich wird ein großer Teil des Erdgases in Amerika zu Heizzwecken verwendet, und zwar bis zu einem Drittel des gesamten Erdgaskonsums in Haushaltungen und Wohnungen, während der Rest von den verschiedenen industriellen Werken verbraucht wird, und zwar zum überwiegenden Teile von der metallurgischen, keramischen und chemischen Industrie.

In Amerika hat die Verwertung des Erdgases in der Mitte des 19. Jahrhunderts begonnen, diente aber in der ersten Zeit zumeist nur zu Beleuchtungs- und Heizzwecken. Eine größere industrielle Verwertung begann im letzten Viertel des vorigen Jahrhunderts. Der erste Staat, in dem das Erdgas in der Industrie Verwendung fand, war Pennsylvanien, das auch das reichste Erdgasgebiet der Welt besitzt. Im 20. Jahrhundert nahm dann die Verwertung des Erdgases immer größere Dimensionen an, so erstreckten sich im Jahre 1906 die in Betrieb stehenden amerikanischen Gasfelder auf etwas über 20000 Quadratkilometer, fünf Jahre später, im Jahre 1911, aber bereits auf ein zweimal so großes Gebiet. Im Jahre 1884 betrug der Wert des verbrauchten Erdgases 1,4 Millionen Dollar und stieg bis zum Jahre 1915 auf über 100 Millionen Dollar. Dieser Aufschwung im Verbrauch des Erdgases kann nur mit der gleichzeitigen gewaltigen Entwicklung der amerikanischen Industrie erklärt werden.

In Europa hat man es selbst in den erdgasreichsten Ländern noch nicht erreicht, das Gas in entsprechender Weise voll zu verwerten. So experimentiert man in Galizien schon seit Jahren mit der Verwertung des aus den Ölbrunnen ausströmenden Erdgases zur Heizung von Kesseln; aber da in Galizien das Erdgasvorkommen mit der Erdölproduktion in unmittelbarem Zusammenhang steht, konnte sich eine gesonderte Entwicklung nicht entfalten. Eine großzügige Initiative setzte erst im Jahre 1907 und 1910 ein, als sich einige kleine Unternehmungen bildeten, um das in Galizien vorkommende Erdgas in größerer Menge für Heizzwecke zu verwenden. So wurde eine ca. 10 Kilometer lange Leitung von Fustanowicz nach Drohobycz gebaut, um die Kessel der Petroleumraffinerie Galizia zu heizen. Im Jahre 1913 wurde dann eine zweite, 13 Kilometer lange Leitung von Boryslaw-Wolanka bis zur staatlichen Mineralölfabrik in Drohobycz gelegt. Außer diesen beiden Leitungen gibt es in Galizien noch zahlreiche kleinere Leitungen, die sich auf den Petroleumfeldern der größeren Fabriken, wie Karpathia, Petroleumaktiengesellschaft Naphta, usw. befinden, die aber ausschließlich die Rohstoffe für die Treibmaschinen der betreffenden Raffinerien liefern. Die übrigen galizischen Erdgasvorkommen sind industriell noch nicht verwertet. Vor einigen Jahren unternahm man zwar in Fustanowicz den Versuch, ebenso wie in Amerika, aus Erdgas Gasolin herzustellen, da aber der Erfolg ziemlich kläglich ausfiel, wurde der Betrieb eingestellt. Während des Krieges tauchte der Plan auf, in Galizien eine große Gasolinfabrik zu errichten und die noch nicht aufgeschlossenen Erdgasfelder wirtschaftlich zu verwerten.

Von größerer Bedeutung sind die rumänischen Erdgasfelder, die mit den durch die Karpathen von ihnen getrennten Erdölfeldern Galiziens in einem engeren Zusammenhange zu stehen scheinen. In Rumänien ist die Verwertung des Erdgases weiter vorgeschritten als in Galizien. So wurden hier schon früher die mit den Bohrlöchern in Verbindung stehenden Gasmaschinen und Gasmotore mit Erdgas geheizt. Später wurde das Erdgas auch zu Beleuchtungszwecken herangezogen. In neuerer Zeit sind es die großen Petroleumunternehmungen, so die auch in Deutschland bekannte Steama Romana und die Astra, die in ihren auf moderner Grundlage geführten Betrieben Erdgas in größeren Mengen ansammeln und zur Heizung von Kesseln und zur Herstellung von elektrischer Energie verwenden. Das in Rumänien vorkommende Erdgas hat ein größeres spezifisches Gewicht als die Luft, und auch sein Gehalt an Kohlensäure ist bedeutend größer, als bei sämtlichen anderen Erdgasarten; dieser erreicht oft 20% gegenüber einem Maximalgehalt von 1% in dem siebenbürgischen Erdgas, und 3% im amerikanischen Erdgas. Es läßt sich nur schwer entzünden, so daß bei den Motoren kein Vorbrand entstehen kann. In Rumänien gibt es nur zwei Erdgasleitungen, und zwar in Moreni und Campina, diese haben aber auch nur eine Länge von 1000 bzw. 700 Meter.

Auch im Kaukasus wurden größere Erdgasfelder entdeckt, aber nur zum Teil und auch erst in den letzten Jahren aufgeschlossen. So wurde im Jahre 1908 aus 62 Brunnen Erdgas gewonnen, das in sechs Leitungen nach Balachany-Sabutschin geführt wird, um dort zu Beleuchtungs- und Heizungszwecken verwendet zu werden. Außerdem kommt noch in dem Gebiet von Riga und im Gouvernement Samara Erdgas vor, das in Glasbläsereien verwendet wird.

Endlich findet sich Erdgas bei Neuengamme in der Nähe von Hamburg. Das dort gewonnene Erdgas wird in einer 16 Kilometer langen Leitung nach Hamburg gebracht, wo es bei den städtischen Gaswerken zur Vermengung mit Steinkohlengas verwendet wird.

Eine große Zukunft haben die Erdgasvorkommen in Sieben-bürgen, die erst im Jahre 1908 entdeckt wurden.

In der Mitte des siebenbürgischen Beckens wurde in einem Gebiet von sieben Komitaten (Verwaltungsbezirken) Erdgas gefunden. Es wurden insgesamt 26 Gasbrunnen gebohrt, die zum Teil im Besitz des ungarischen Staates sind, zum Teil der mit deutschem Kapital arbeitenden ungarischen Erdgasgesellschaft gehören. Über die Mengen des hier in den Erdschichten verborgenen Erdgases gehen die Ansichten auseinander. Es wird angenommen, daß auf einem Gebiet von über 500 Quadratkilometer 72 Milliarden Kubikmeter Erdgas vorhanden sind, doch kann die Menge auch nach anderen Schätzungen den vierfachen Betrag erreichen. Es entspricht ein Kubikmeter Erdgas 11300 Gramm Kohle zu 6000 Kalorien, so daß das siebenbürgische Erdgasvorkommen einer Milliarde Tonnen Kohlen zu 6000 Kalorien entspricht. Von sämtlichen siebenbürgischen Erdgasquellen wurden nur die Brunnen von Kissarmas ausgebeutet, bei denen eine 76 Kilometer lange Leitung über Torda bis Marosujvar gelegt wurde, deren Leistungsfähigkeit 300000 Kubikmeter pro 24 Stunden betrug. Das durch diese Leitung geführte Gas wird für die Marosujvarer und Tordäer Fabriken der ungarischen Solvaywerke, für eine Zementfabrik und eine 1908 eröffnete Glasfabrik verwertet.

Die siebenbürgischen Industrieunternehmungen verwerten das Erdgas fast ausschließlich für Heizungszwecke.

Nach den neuesten Meldungen, die aus Rumänien vorliegen, haben die Rumänen bereits einen Plan ausgearbeitet, nach dem die rumänischen und die siebenbürgischen Erdgasvorkommen weiter ausgebaut werden sollen. Die Rumänen werden dabei von französischen und englischen Ingenieuren in hohem Maße unterstützt. Die Ausbeutung des Erdgases soll ganz nach dem amerikanischen Beispiel vor sich gehen. Es soll also hauptsächlich zum Heizen der Kessel verwendet werden, außerdem will man das Erdgas in Explosionsmotoren verwenden und hat schon Berechnungen aufgestellt, aus denen hervorgeht, daß man aus einem Kubikmeter Erdgas mittels Gasmaschine drei Pferdestärken gewinnen kann, also die doppelte Arbeitsleistung gegenüber dem Dampfbetrieb. Zahlreiche der in Siebenbürgen neu gegründeten Fabriken sollen schon mit entsprechenden Gasmotoren ausgestattet sein. Außerdem will man auf Grund des Erdgasvorkommens eine ganze Reihe von Industriebetrieben eröffnen und geht hierbei ebenfalls vom amerikanischen Beispiel aus. Einer der wichtigsten Industriezweige, der mit Erdgas gespeist werden soll, ist die Glasfabrikation, bei der man die

Rolle des Erdgases nicht nur in der Sicherung von Betriebsvorteilen erblickt, sondern man baut die Entwicklung dieser Industrie gerade auf. dem Erdgasvorkommen auf. Die meisten Glasfabriken, namentlich die älteren Betriebe, waren fast ausschließlich auf Holzfeuerung eingerichtet. Da man zum Schmelzen des bei der Glasfabrikation verwendeten Quarzes eine außerordentlich hohe Temperatur benötigt, wurde aus dem als Brennstoff verwendeten Holz oder aus der Kohle zuerst Gas erzeugt, und dieses wurde dann unmittelbar in den Schmelzöfen verbrannt. In den Glasfabriken ist die Erdgasanwendung schon mit Rücksicht auf die Reinheit des Gases zweckmäßig.

Neben der Glasindustrie ist es namentlich die keramische Industrie, deren Entwicklung die Rumänen von der Verwendung des Erdgases erhoffen, da dieser Industriezweig unter ähnlichen Voraussetzungen arbeitet, wie die Glasindustrie. Infolge seines hohen Kaloriengehaltes kann das Erdgas auch in der Schwerindustrie leicht verwertet werden. Dies gilt besonders für die Stahlindustrie, bei der die heutige Kohlenfeuerung kein schlackenfreies Schmelzen ermöglicht. Für die Eisenindustrie liegen die Verhältnisse in Siebenbürgen schon deshalb günstig, da in Siebenbürgen die Rohstoffe in geeigneter Menge vorhanden sind. Andere Industriezweige, die von dem Erdgasvorkommen Siebenbürgens profitieren können, sind die Zement- und Gipsfabriken und Kalkwerke, die man schon aus dem Grunde fördern will, um die Bauindustrie zur Durchführung eines großen Bauprogramms fähig zu machen. In neuerer Zeit werden auch Versuche gemacht; mit Hilfe des Erdgases aus dem Gips Schwefel zu reduzieren.

Ebenso wie in Amerika will man auch aus dem siebenbürgischen Erdgas Ruß gewinnen. Man ist aber noch nicht über die Anfangsexperimente hinausgekommen.

Wirklich praktische Erfolge mit Hilfe des Erdgases hat die während des Krieges gegründete ungarische Nitrogen- und Kunstdünger-Aktiengesellschaft aufzuweisen, die Salpetersäure mit Hilfe des Erdgases herstellt. Dieselbe Fabrik hat sich mit Hilfe des Erdgases auch für die Herstellung von Chlor und Natron eingerichtet. Ebenso soll in größerem Maßstabe Kalknitrogen als Kunstdünger erzeugt werden.

Eine andere Verwertung des siebenbürgischen Erdgases liegt in der Erzeugung des Methylalkohols, der, wie auch im Abschnitt über das Holz erwähnt wurde, bisher nur bei der Destillation des Holzes gewonnen wurde. Mit Hilfe des Erdgases stellt man aus dem Monochlormethan chemisch reinen Methylalkohol her, der von besserer

Beschaffenheit ist als der im Wege der Holzdestillation gewonnene Methylalkohol. Bei der Erzeugung dieses Produktes spielt das Erdgas nicht nur als billiger Brennstoff eine wichtige Rolle, sondern es wird zu einem Bestandteil der Produktion selbst.

Es wurden auch Untersuchungen vorgenommen, um aus dem siebenbürgischen Erdgas, ebenso wie in Amerika, Gasolin zu erzeugen. Das in Siebenbürgen gewonnene Erdgas eignet sich zur Herstellung von Gasolin jedoch nicht in dem Maße, wie das amerikanische, da es aus fast reinem Methan besteht und die übrigen Glieder der Paraffinerie, die die Hauptbestandteile des Gasolins oder Benzins sind, entweder überhaupt nicht oder nur in sehr geringem Maße enthält.

Endlich haben die Rumänen auch die, von den ungarischen Fachleuten bereits ausgearbeiteten Pläne wieder aufgenommen, um aus dem Erdgas elektrische Energie zu gewinnen, mit deren Hilfe das gesamte Bahnnetz Siebenbürgens elektrisiert werden soll. Da aber andere Verwendungsarten z. Zt. gewinnbringender sind, dürfte die Verwirklichung des Projektes noch in weitem Felde liegen. Bei diesem Umformungsprozeß geht nämlich eine der wertvollsten Eigenschaften des Erdgases, die hohe Temperatur, vollständig verloren, so daß die gewonnene Arbeitsleistung weit geringer ist, als die von derselben Gasmenge in Gasmotoren erzeugte.

Künstliche Gase.

Wasserstoff.

Ebenso wie flüssige Heizstoffe künstlich hergestellt werden, können auch einige gasförmige Heizstoffe auf künstlichem Wege erzeugt werden. Zwischen den natürlichen und künstlichen gasförmigen Heizstoffen nimmt der Wasserstoff eine Sonderstellung ein, da er der einzige gasförmige Heizstoff ist, der keine chemische Verbindung, sondern ein Element ist. Der Wasserstoff besitzt als Heizstoff recht wertvolle Eigenschaften. So liefert er bei der Verbrennung die größte Wärmemenge. Außerdem ist die Erzeugung von großen Mengen Wasserstoff verhältnismäßig billig zu bewerkstelligen; ferner ist das Rohmaterial, das Wasser, unerschöpflich. Um die Kosten für die elektrische Energie, die bei der Zerlegung des Wassers entstehen, auf ein Mindestmaß herabzusetzen, wird man die Anlagen zur Erzeugung von Wasserstoff dort anlegen, wo eine ständig fließende Energiequelle, wie sie z. B. ein Wasserfall liefert, zur Verfügung steht. Die weitgehende Verwertung von Wasserstoff als Heizmaterial scheiterte früher hauptsächlich an der Notwendigkeit des Einbaues besonderer Feuerungsanlagen.

Leucht- oder Steinkohlengas.

Ein weiterer künstlicher gasförmiger Heizstoff ist das Leucht-
oder Steinkohlengas, das als Kohleersatz zur Zimmer- und
Küchenfeuerung in großen Städten immer mehr herangezogen wird.
Das Leuchtgas wird aus Kohle erzeugt und zwar hauptsächlich aus
solchen Kohlensorten, die reich an flüchtigen Bestandteilen sind.

Wassergas, Generatorgas. Halbwassergas.

Als Heizstoffe haben in neuerer Zeit das Wassergas und das
Generatorgas Eingang in zahlreiche große Fabrikbetriebe gefunden. Wassergas wird folgendermaßen erzeugt: Wirkt Wasserdampf auf glühende Kohle ein, so entzieht der Kohlenstoff dem
Wasser Sauerstoff, mit dem er sich zu Kohlenoxyd vereinigt, so
daß der Wasserstoff frei wird. Man erhält somit eine Verbindung
von Kohlenoxyd und Wasserstoff, die weitergeleitet am Orte des
Verbrauches mit Sauerstoff bezw. Luft gemengt und verbrannt werden. Das Wassergas besitzt Eigenschaften, die es zu einem Kohlenersatzmittel geeignet machen, es liefert eine sehr heiße Flamme,
dann kann es mit geringen Kosten und sehr einfach hergestellt werden. In größerem Maßstabe wurde das Wassergas aber wegen der
nicht immer zweckentsprechenden Feuerungsanlagen noch nicht
verwendet. Es ist durch den Gehalt an Kohlenoxyd außerordentlich giftig, außerdem geruchlos, so daß es sich bei einem
Rohrbruch und bei Ausströmungen nicht bemerkbar macht. Dieser
Übelstand wird beseitigt, indem man es durch eine stark riechende
Verbindung „parfümiert".

In neuerer Zeit gewinnt auch die Erzeugung von Generatorgas an Bedeutung, da sie gestattet, nicht nur hochwertige, sondern
auch schlechte, zur unmittelbaren Verbrennung ungeeignete Brennstoffe, die sehr wasserreich oder aschenreich sind, zu verwerten
und in ein brauchbares Heizgas umzuformen. Die Erzeugung von
Generatorgas beruht auf folgendem Prinzip: Wird das Brennmaterial in einem hohen schachtförmigen, unten durch einen schräg-
liegenden Rost abgeschlossenen Ofen verbrannt, so kann die zur
Verbrennung erforderliche Luft nur von unten durch die Rostspalten eintreten. Wird nun die Entfernung der Rostöffnungen so ge-
wählt, daß die zutretende Luft nur hinreicht, die unterste Schicht
des Brennmaterials vollständig zu verbrennen, so werden die Verbrennungsprodukte gezwungen, das hochaufgeschichtete Brennmaterial zu durchstreifen. Sie geben an dieses einen Teil ihrer Wärme
ab und bewirken eine trockene Destillation, bei der sich brennbare
Gase bilden. Neben diesem Vorgange spielt sich noch ein zweiter ab.

Während die im untersten Teile der Vorrichtung entstehende Kohlensäure aufwärts steigt, kommt sie mit glühender Kohle in Berührung. Sie gibt nun die Hälfte ihres Sauerstoffgehaltes an die Kohle ab, und es entsteht Kohlenoxyd, das jedoch nicht verbrennen kann, da es an freiem Sauerstoff mangelt. Man kann sich diesen Vorgang auch so vorstellen, daß die Kohlensäure, die aus einem Atom Kohlenstoff und zwei Atomen Sauerstoff besteht, noch ein Atom Kohlenstoff aufnimmt, und dann zwei Moleküle Kohlenoxyd bildet. Neben diesem Vorgange wirkt auch noch Wasserdampf auf die glühenden Kohlen ein, wobei sich Wasserstoff und Kohlenoxyd bilden. Die entstehenden brennbaren Gase, die durch den in der einströmenden Luft enthaltenen Stickstoff verdünnt werden, können dann abgeleitet und nach dem Orte des Verbrauches geführt werden. Man pflegt ein solches Gemenge Generatorgas, die Vorrichtung selbst Generator zu nennen.

Eine Mittelstellung zwischen dem jetzt behandelten Wassergas und Generatorgas nimmt das unter dem Namen Halbwassergas oder Mischgas bekannte Gas ein. Dieses erhält man, wenn auf die im Generator befindliche und glühende Brennstoffmasse nicht nur Wasserdampf, sondern eine Mischung von Wasserdampf und Luft einwirkt. Das Halbwassergas entwickelt weniger Hitze als Wassergas, da es weniger Wasserstoff enthält. Der Vorteil besteht darin, daß es einfacher und ununterbrochen hergestellt werden kann. Neben Wasserdampf wird gleichzeitig Luft zugeführt, und es verbrennt stets ein Teil der Kohle und liefert jene Wärmemenge, die erforderlich ist, die Kohle unausgesetzt glühend zu erhalten, während sie durch die Einwirkung des Wassergases bezw. durch die Bildung von Wassergas angekühlt wird. Das Halbwassergas hat nicht nur zu Heizzwecken, sondern auch als Kraftgas zum Antriebe von Motoren ausgedehnte Anwendung gefunden.

Methan.

Das Methan der Grubengase, das stark verdünnt in die Luft entweicht und nutzbar gemacht, eine große Kraftquelle ist, wird ebenfalls als Kohlenersatz herangezogen. Als Beispiel sei die Gabrielezeche in Karwin erwähnt. Hier ziehen die Ventilatoren in der Sekunde durchschnittlich 70 Kubikmeter Grubenwetter mit rund 1% Methan aus der Grube; dies würde in einem Jahre 22 Millionen Kubikmeter Methan ergeben. Könnte dieses Gas verwertet werden, dann würde man aus dieser Grube ca. 45 000 P S. gewinnen können, während die geförderten Kohlen nach Abzug des Selbstverbrauches nur rund 36 000 P S. liefern.

Die Gasmaschine.

Trotz aller Verbesserungen sind die Dampfmaschinen für kleinere Leistungen in ihrem Aufbau viel zu umständlich und in ihrer Wirkungsweise viel zu unwirtschaftlich. Dem Bedürfnis, diesem Übelstande abzuhelfen, verdankt die Gasmaschine ihre Entstehung. Die Dampfmaschinen entnehmen die in den Brennstoffen ruhende Energie mittels des Wasserdampfes aus dem Dampfkessel. Bei den Gaskraftmaschinen werden die Brennstoffe im Zylinder der Maschine verbrannt. Der Druck der erzeugten Gase setzt die Kolben in Bewegung. Die Verbrennungsprodukte müssen gasförmig sein. Die ersten Maschinen dieser Art waren Leuchtgasmaschinen. Sie hatten den Übelstand, daß sie von Gaswerken abhängig waren. Dieser wurde beseitigt durch Schaffung von Generatorgasanlagen und durch den Bau von Petroleum- und Benzinmaschinen. Hinsichtlich der Ausnützung der zugeführten Wärme haben die kleinsten Gasmaschinen die besten und größten Dampfmaschinen nicht nur erreicht, sondern schon überholt. Die Technik baute die Gaskraftmaschinen immer mehr zur Großgasmaschine aus. Den Hauptanstoß hierzu gab in der Mitte der 90er Jahre die Erkenntnis, daß mit den Gichtgasen, welche den Hochöfen entweichen, ein zur Krafterzeugung geeignetes Gas in großen Mengen verloren ging. Entsprechend den Hochofengasen der Hüttenwerke fanden auch die Koksofengase der Kohlenzechen immer mehr Verwendung zur Speisung von Gaskraftmaschinen. Die Überlegenheit der Gaskraftmaschinen über die Dampfmaschinen zeigt sich, abgesehen von der größeren Ausnützung der Brennstoffe, vor allem in dem einfacheren Bau, in dem Fortfall einer besonderen Kesselanlage, in dem viel geringeren Platzbedarf und in der viel einfacheren Bedienung.

Der Dieselmotor.

Einen großen Fortschritt auf dem Gebiete der Gaskraftmaschinen brachte die Erfindung des Dieselmotors durch Dr. Ing. Rud. Diesel. Bisher mußten die Brennstoffe erst in gasförmigen Zustand übergeführt und gereinigt werden, ehe sie zum Antrieb der Gasmaschinen benutzt werden konnten. Der Dieselmotor ist nun eine Maschine, die mit natürlichen und künstlichen flüssigen Brennstoffen jeder Art gespeist werden kann. Sie verbrennt alle in der Natur fertig vorkommenden Öle in gleich vollkommener Weise wie die Rückstände, die bei der Destillation dieser Öle nach Entfernung von Benzin und Leuchtöl entstehen. Schieferöle, Paraffinöle (die Abfallerzeugnisse der Braunkohlendestillation), und was vor allem von außerordentlicher Tragweite ist, Steinkohlenteer und die daraus gewonnenen Teeröle machen den Dieselmotor ebenso betriebsfähig, wie Pflanzenöle, Erdnußöle, Rizinusöle, Palmöl usw. und tierische Öle (Fischtran und dergleichen). Dabei wird die Wärmeenergie nicht nur vollkommen ausgenützt, wie bei allen bisher gebräuchlichen Maschinen, sondern der Wärmeverbrauch ist auch bedeutend geringer. Nachstehende Zahlen zeigen den Wärmeverbrauch der verschiedenen Motore für eine Pferdestärke pro Stunde:

Auspuffdampfmaschinen	700—10 000 Kalorien
Gasmaschinen mit Gaserzeuger	3 000— 3 600 „
Gasmaschinen ohne Gaserzeuger . . .	2 300— 2 000 „
Dieselmotore weniger als	2 000 „

Der Dieselmotor ist demnach in bezug auf Wärmeverbrauch den Gasmaschinen mit Gaserzeuger um das $1^1/_2$ bis 2 fache, den Dampfmaschinen je nach dem System um das 2 bis 5 fache überlegen. 30 bis 33% der im Brennstoff enthaltenen Wärme wird für effektive Nutzarbeit ausgenützt. Diesen großen Vorteil erzielt der Dieselmotor dadurch, daß er die flüssigen Brennstoffe direkt, ohne jede Vorbereitung, in den Zylinder aufnimmt, die Gaserzeugung aus den Rohbrennstoffen in den Arbeitszylinder selbst verlegt und dadurch den verlustreichen Gaserzeuger beseitigt. Das Verfahren besteht darin, daß die Luft in reinem Zustande, also nicht mit Brennstoffen vermengt, wie dies bei den älteren Gasmotoren der Fall ist, sehr hoch komprimiert, und nachdem der Brennstoff in die hoch erhitzte Luft eingeführt, zur Explosion gebracht wird. Ein Gemisch von Luft und Brennstoff, wie bei den früheren Gasmaschinen, kann wegen der leichten Explosionsfähigkeit nicht so hoch komprimiert werden, wie die reine Luft der Dieselmotoren. Durch die starke Kompression wird die hohe Brennstoffausnutzung erreicht. Hierzu kommt noch die jederzeitige Betriebsfähigkeit des Dieselmotors. Er hat keinen Nebenapparat und verbraucht Brennstoff nur, wenn er arbeitet.

Die Frage: „Was ist der Dieselmotor?" beantwortet Diesel selbst, indem er auf die Hauptmaschinenanlage der Turiner Ausstellung vom Jahre 1911 hinweist. Er schreibt (entnommen dem Artikel „Der Dieselmotor" von Dr. Ing. Rud. Diesel, Beiblatt zu den technischen Monatsheften 1912):

„In der Ausstellung standen zur Versorgung der Aussteller mit Licht und Kraft neben einer Anzahl Dampfmaschinen und Dampfturbinen verschiedene Dieselmotore. Alle diese Maschinen wurden mit dem gleichen flüssigen Brennstoff betrieben, da die zu den Dampfmaschinen gehörigen Kessel für Rohölbeheizung eingerichtet waren. Der Unterschied zwischen Dampfmaschinen und Dieselanlagen bestand darin, daß zum Betriebe der Dampfmaschinen die ganze umfangreiche Dampfkesselanlage mit ihren Schornsteinen, Brennstoff-Zufuhreinrichtungen, Reinigungsvorrichtungen, ihren weit ausgedehnten Dampfleitungen, ihren Kondensationsanlagen mit Wasserpumpen und enormem Wasserverbrauch arbeiten mußten, um schließlich ungefähr die $2^1/_2$ fache Brennstoffmenge (oder mehr) zu verbrauchen, wie die neben ihnen stehenden Dieselmotoren, die als vollständig selbständige Maschinen ohne jeden Nebenapparat den gleichen rohen Brennstoff in sich aufnahmen und direkt im Zylinder restlos verbrannten, wobei sie die unsichtbaren und geruchlosen Auspuffgase durch ein Rohr von geringen Dimensionen, also ohne Schornstein, ins Freie leiteten."

Der Dieselmotor hat nicht nur als ortsfeste Kraftmaschine große Bedeutung erlangt, sondern hat sich auch als Schiffsmaschine so gut bewährt, daß er voraussichtlich eine große Umwälzung im Bau der Schiffsmaschinen hervorrufen wird.

Die Vorteile der Dieselschiffsmaschine sind mannigfach. Als Heizmaterial kommt nur Ölfeuerung in Betracht. Der flüssige Brennstoff hat eine höhere Heizkraft und geringeres Gewicht, braucht bei weitem nicht so viel Raum wie die Kohle. Er kann in Schiffsenden, Doppelboden usw. untergebracht werden und ermöglicht dadurch eine bessere Ausnutzung des Schiffsraumes. Vor allem fällt das lästige Bunkern der Kohle fort, was viel Zeit und viel Arbeitspersonal erfordert; eine Dampfpumpe versorgt in kurzer Zeit das Schiff mit dem nötigen Öl, im Notfall kann dies sogar auf offener See von einem anderen Schiffe aus geschehen. Diese Vorteile haben schon früher mit Anlaß dazu gegeben, Rohöl als Feuerungsmaterial auf Flußdampfern einzuführen. So verbrauchte die Dampferflotte der Wolga im Jahre 1910 schon annähernd 1,9 Millionen Tonnen Öl. Auch die Kessel einzelner Seedampfer werden bereits mit Öl geheizt. Eine Dieselmaschinenanlage braucht viel weniger Raum als eine Dampfanlage. Dazu kommt noch, daß die Motorschiffe jederzeit ohne Vorbereitung und ohne jedes Anheizen betriebsbereit sind, was besonders für die Kriegsschiffe wichtig ist. Die Bedienung eines Motorschiffes ist naturgemäß viel einfacher als die einer umfangreichen Dampfkessel- und Dampfmaschinenanlage; das ganze Heer von Heizern und Kohlenträgern fällt weg. Man ist nicht mehr der lästigen Rauchplage ausgesetzt. Für Kriegsschiffe ist es besonders wertvoll, daß die Geschütze wegen der Entbehrlichkeit des Schornsteins den ganzen Horizont bestreichen können. Ein Dieselschiff ist ferner unabhängig von Brennstoffstationen und besitzt, bei gleichem Gewicht an flüssigem Brennstoff wie Kohle, den $3^1/_2$ bis 5fachen Aktionsradius des Dampfschiffes. Dazu kommt, daß der Betrieb eines Schiffes mit Ölfeuerung wesentlich billiger ist als der mit Kohlenfeuerung.

Die ersten mit derartigen Maschinen ausgerüsteten Riesenmotorschiffe sind die im Jahre 1913 auf dänischer Werft vom Stapel gelaufenen Schiffe „Selandia" und „Fionia". Beide Fahrzeuge haben sich auf das glänzendste bewährt.

Wie bei den Schiffen zeigen sich die Vorteile der Dieselmaschine analog bei der Lokomotive. Versuche sind in dieser Richtung bereits vor dem Kriege an einer Schnellzugslokomotive gemacht worden, an deren Konstruktion Diesel, die Gebrüder Sulzer in Winterthur und Oberbaurat Klose in Berlin vier Jahre lang gearbeitet haben. Zweifellos wird die Zukunft die Diesellokomotive bringen, denn der Eisenbahnbetrieb ist der größte, aber auch der unwirtschaftlichste aller Dampfbetriebe.

IX. Sonne, Wind und Wasser.

Wiederholt tauchte der Plan auf, Energie aus der Sonnenwärme zu gewinnen, denn die von der Sonne auf die Erde ausgestrahlte Wärme ist 584000 mal so groß, als die Wärme, die durch Verbrennung der gesamten Steinkohlenproduktion erzielt werden kann. Sollte einmal die Technik so weit vorgeschritten sein, daß man nur einen Teil dieser Energie nutzbar machen könnte, dann würde eine Energiequelle erschlossen werden, die alle anderen entbehrlich machen würde. Es sind mehrfach Versuche in dieser Richtung angestellt worden, die zum Teil auch von praktischem Erfolg begleitet waren.

So ist es amerikanischen Ingenieuren geglückt, in Philadelphia eine Sonnenkraftanlage mit einer Leistung von 42 Pferdestärken auszuführen. Eine brauchbare Sonnenkraftmaschine hat auch der Deutschamerikaner Frank Schumann in der Nähe von Kairo aufgestellt, die eine Pumpenanlage mit einer Leistungsfähigkeit von 27000 Liter Wasser pro Minute erreicht. Diese Heliophore, wie man die Sonnenkraftmaschinen nennt, sind aber auf die Tropengegend beschränkt, da sie an eine möglichst intensive Sonnenbestrahlung gebunden sind.

Auch die Ausnutzung des Windes als Kohlenersatz ist in Vorschlag gebracht worden. Man hat mit Windturbinen bereits gute

Resultate erzielt, doch konnten derartige Anlagen bisher nur in kleineren Betrieben, z. B. als Wasserpumpanlagen in der Landwirtschaft, Verwendung finden.

Die Ausnutzung der im Wasserlauf ruhenden Energie als Kohlenersatzmittel hat in den letzten Jahren einen großen Aufschwung genommen. Die im Jahre 1909 ausgenutzten Wasserkräfte schätzt man auf 3 422 650 Pferdestärken. Diese verteilen sich folgendermaßen auf die einzelnen Länder:

Vereinigte Staaten rd. .	800 000 PS.	Schweiz	380 000 PS.
Frankreich	650 000 „	Deutschland	295 000 „
Kanada	500 000 „	Schweden u. Norwegen .	150 000 „
Italien	464 000 „	Österreich	100 000 „

Nach H. Schwemann: „Verfügbare Energiemengen der Weltkraftwirtschaft", Technik und Wirtschaft 1911:

England	30 000 PS.	Japan	4 300 PS.
Mexiko	23 000 „	Südafrika	2 600 „
Rußland	12 000 „	Venezuela	1 500 „
Indien	8 750 „	Brasilien	1 000 „

Über die vorhandenen Reserven dieser Kraftquelle ist wenig statistisches Material vorhanden. Sachverständigenschätzungen liegen über die wichtigsten Länder Europas vor. Hiernach verfügen über ausbaufähige Wasserkräfte:

Deutschland	1 425 000 PS.	Italien	6 750 000 PS.
Großbritannien . . .	963 000 „	Norwegen	7 500 000 „
Österreich-Ungarn . .	6 130 200 „	Schweden	6 750 000 „
Frankreich	5 857 300 „	Schweiz	1 500 000 „

Die gesamten Wasserkräfte Kanadas hat eine amtliche Kommission auf mindestens 25 700 000 P S. geschätzt. Dem werden die Vereinigten Staaten nicht nachstehen. Die Niagarafälle allein werden auf über 7 Millionen P S. geschätzt. Über die Wasserkräfte Südamerikas, Asiens, Afrikas und Australiens ist es zur Zeit noch ganz unmöglich, auch nur oberflächliche Schätzungen anzustellen.

Man sieht aus diesen Angaben, daß die verfügbaren Kraftmengen sehr groß sind, jedoch scheinen sie nicht so bedeutend zu sein, daß sie die anderen Energiemengen vollständig ersetzen könnten.

Eine unerschöpfliche Energiequelle ist die Bewegung der Meeresoberfläche, besonders die regelmäßig wiederkehrende Ebbe und Flut. Schon lange sind Versuche angestellt worden, die Wellenenergie in nützliche Arbeitsleistung umzuformen. Erst zu Beginn des 20. Jahrhunderts konnten Erfolge, wenn auch in bescheidenem Maße, erzielt werden. Im Jahre 1901 gelang es dem Amerikaner Wright, durch Verwertung der im Jahre 1878 in London patentierten Idee Plessners an der kalifornischen Küste einen Wellenmotor mit einer dauernden Arbeitsleistung von neun Pferdestärken aufzustellen. Drei große, 100 Meter ins Meer hineinragende Schwimmer übertrugen die Wellenbewegung mit Hilfe von Hebelarmen auf eine Pumpvorrichtung, die ein Wasserreservoir anfüllte. Der Druck dieses Wassers auf eine Turbine diente zum Antriebe einer Dynamomaschine.

Zu gleicher Zeit konstruierte der deutsche Ingenieur Gehre Seebojen mit kräftigem Blinkfeuer, die direkt durch die Wellenenergie unterhalten wurden.

Diesem Kohlenersatzmittel wird in Deutschland, namentlich in neuerer Zeit, große Aufmerksamkeit geschenkt. Mit Rücksicht auf die außerordentliche Bedeutung dieser Frage sei auf die Schrift. „Wirtschaftliche Unabhängigkeit, Kohlennot, Notstandsarbeiten" hingewiesen, die der beratende Ingenieur für Industrie und gewerblichen Rechtsschutz Menzel im Jahre 1919 den Mitgliedern des Reichstages übergab. Der Autor ist überzeugt, daß eine wirtschaftliche Unabhängigkeit von der Kohle möglich ist und prophezeite dieser Kraftquelle eine große Zukunft.

Die größte Sorge bleibt einem Volke erspart, wenn es von der Kohle unabhängig ist. Wir lernen in der Zeit der Umwälzung und Umwertung aller Werte, daß uns die Kohlenkraft in eine zu große Abhängigkeit von ihrer Rohstoffgewinnung und von den bestehenden Verkehrsverhältnissen gebracht hat. Wenn die Rohstoffe für die Herstellung der nötigsten Gebrauchsgegenstände fehlen, helfen auch Ersatzstoffe nichts, solange die technische Betriebskraft von einem Rohstoff abhängt, der ebenfalls fehlen kann.

Um die Übelstände zu vermeiden, welche die Verlegung in die See mit sich bringt, hat man unter Verzicht auf die Kräfte der Brandung Vorschläge gemacht, das Meerwasser nach Art der Talsperren in großen Becken einzufangen und zur Zeit der Ebbe wieder abfließen zu lassen.

Eine ausführbare und auch lohnende Methode ist diejenige von Dr. Mirus, der sich mit diesem Problem beschäftigt und auch noch eine andere Methode erdacht hat, die es ermöglicht, die Kraft der Brandung auszunutzen, ohne daß dazu Vorrichtungen ins Meer hinausverlegt werden müssen. Seine Vorschläge geben umso gewaltigere Resultate, je höher der Flutstand ist. Auch die Nordseeküsten würden, bei Ausführung seiner Pläne, gute Ergebnisse liefern. Nach dieser Lösung fließt das Wasser beim Flutstande in entsprechend große Sammler, wie Wassersperren, Talsperren usw. Durch Öffnen und Schließen von Schleusen wird das Wasser zum

Antrieb von Wasserrädern, Turbinen usw. ohne Unterbrechung weitergeleitet und in Elektrizität umgesetzt. Zwar wäre der deutsche Staat nicht in der Lage, sich Ebbe und Flut in so ergiebiger Weise nutzbar zu machen, wie die Staaten, welche eine Ebbe- und Flutdifferenz von 20 Metern und mehr aufweisen; doch ist auch ein Unterschied von zwei bis sechs Metern vorhanden, um ausreichende Kraft zu erzeugen. Die Kraft der Ebbe- und Flutbewegung darf nicht durch Vorrichtungen gewonnen werden, die dem zerstörenden Einfluß des Meeres unmittelbar ausgesetzt sind. Die direkte Pressung der Luft bei mäßigen Flutdifferenzen ist wegen der Größe der dazu benötigten Apparate, infolge schwieriger Abdichtung, unzweckmäßig und würde wegen der unvermeidlichen Kraftverluste zu ungünstigen Ergebnissen führen. Mit mechanischer Luftpressung ist auch bei mittleren Fluthöhen nicht viel zu erreichen, doch gibt es Küsten, wo auch diese Methoden zur Anwendung gebracht werden können, wie ein weiterer Vorschlag von Dr. Mirus zeigt.